DESSIN LINÉAIRE

GÉOMÉTRIQUE

OU

GÉOMÉTRIE PRATIQUE

A L'USAGE DES ÉCOLES PRIMAIRES

PAR SARDAN

ANCIEN PROFESSEUR DE MATHÉMATIQUES

En usage dans les écoles de la ville de Paris,
Introduit par Son Exc. M. le Ministre de l'Instruction publique
dans les Bibliothèques scolaires.

CINQUIÈME ÉDITION

PARIS

LOUIS COLAS, LIBRAIRE-ÉDITEUR

RUE DAUPHINE, N° 26

—

1876

DESSIN LINÉAIRE

GÉOMÉTRIQUE

OU

GÉOMÉTRIE PRATIQUE

A L'USAGE DES ÉCOLES PRIMAIRES

PAR SARDAN,

ANCIEN PROFESSEUR DE MATHÉMATIQUES

En usage dans les écoles de la ville de Paris.

Introduit par Son Exc. M. le Ministre de l'instruction publique dans les Bibliothèques scolaires.

CINQUIÈME ÉDITION

PARIS

LOUIS COLAS, LIBRAIRE-ÉDITEUR

RUE DAUPHINE, N° 26.

1876

EXTRAIT DU CATALOGUE DE LA LIBRAIRIE L. COLAS

LE PREMIER LIVRE DES ÉCOLES, ou petit abrégé de la vie de N. S. Jésus-Christ; extrait du Nouveau Testament, par M. L.-Ch. Piat, imprimé en gros caractère. 1 vol. in-18, cartonné. . . . . 40 c.

HISTOIRE ABRÉGÉE DE L'ANCIEN ET DU NOUVEAU TESTAMENT, livre de lecture et d'histoire sainte pour les commençants; par M. L.-Ch. Piat. 1 vol. in-18, cartonné. . . . . 75 c.

Ces deux ouvrages sont approuvés et recommandés par le conseil de l'Instruction publique, par Mgr. l'archevêque de Paris et par Mgr. l'évêque de Meaux.

Ouvrages de M. A. LEFÈVRE, ancien instituteur communal, membre de la Commission d'examen d'Instruction primaire de Paris.

MÉTHODE DE LECTURE applicable à tous les modes d'enseignement; composée de 18 tableaux in-plano. . . . . 1 fr. 50

SYLLABAIRE, composé des mêmes tableaux. 1 vol. in-18 J., cart. 40 c.

LECTURE COURANTE (Cours méthodique de lecture graduée), 1 vol. in-18 jésus, cart. . . . . 50 c.

L'ORTHOGRAPHE (1er cours), art d'écrire correctement les *mots*, cart. . . . . 50 c.

L'ORTHOLOGIE (2e cours), art d'écrire correctement les *phrases*, cart. . . . . 50 c.

LA DICTÉE mise à la portée des commençants; 72 devoirs : *Introduction, Exercices analytiques, Exercices orthographiques, Dictées faciles*, cart. . . . . 55 c.

PREMIÈRE ARITHMÉTIQUE usuelle et pratique des Classes élémentaires, cours méthodique en 12 tableaux et 5 livrets. — Prix des 12 tableaux. . . . . 1 fr. 25

Premier livret. — Nombres entiers, numération et opérations. 1 vol. in-18 jésus, cart. 55 c.

Deuxième livret. — Nombres métriques et décimaux, fractions et problèmes. 1 vol. in-18 jésus, cart. 55 c.

Troisième livret. — Définitions et règles pour les récitations de mémoire. 1 vol. in-18 jésus, cart. 55 c.

GÉOGRAPHIE DE LA FRANCE, par Pariseau. 1 vol. in-18, cart. 75 c.

Paris. — Imprimerie Arnous de Rivière et Ce, rue Racine, 26.

INTRODUCTION.

Le **Dessin linéaire** est l'art de représenter les contours des corps et de leurs parties au moyen de simples lignes.

Le dessin linéaire peut s'effectuer de deux manières, savoir : sans le secours des instruments, c'est le dessin linéaire à vue ou à main levée ; ou bien avec instrument (règle, compas, équerre), et on le nomme alors dessin linéaire géométrique ou graphique.

On emploie le dessin à main levée, quand on n'a pas besoin de représenter les objets avec une grande précision ; par exemple, quand on veut se rendre compte d'un effet ; ou bien quand on veut expliquer à un autre quelque ajustement, lui donner une idée des formes d'un objet. Ce dessin est peu exact, il est vrai ; mais il a l'avantage de pouvoir être exécuté promptement.

Mais quand il s'agit de représenter les objets avec précision, ce qui est souvent nécessaire dans les arts, on ne peut le faire qu'à l'aide des instruments. Le dessin qu'on exécute alors, appelé dessin graphique, est une application usuelle de la géométrie ; et, bien qu'au trait seulement, il suffit toujours pour diriger l'ouvrier, et le mettre à même de tailler, de fabriquer toutes les pièces qu'il doit assembler entre elles, et que le dessin représente alors dans leurs dimensions réelles. Ce dessin, qu'on nomme une épure, se trace ordinairement sur un mur, et ne présente guère qu'une partie de l'objet à exécuter ; souvent, aussi, on en réduit toutes les dimensions, et on le trace en entier sur une feuille de papier pour juger de l'ensemble.

Les plus grands artistes mêmes ont besoin du dessin linéaire, car avant de peindre, avant d'ombrer, ils représentent toujours par de simples traits les contours des objets que doivent offrir leurs tableaux.

Suivant les préceptes des grands maîtres, nous recommandons de commencer l'étude du dessin par le tracé à main levée des figures géométriques, comme présentant les formes les plus simples, les plus élémentaires. Toutes les figures dont nous donnons les définitions dans notre première partie doivent donc être considérées comme des modèles; seulement, il faudra que les copies qui en seront faites par les élèves, sur les tableaux noirs, présentent, bien entendu, de plus grandes dimensions; et, à cet effet, le maître lui-même, ou un moniteur habile, tracera préalablement sur le tableau même la figure dans la dimension où les élèves devront la reproduire.

Quand ils seront assez habiles dans le tracé à main levée, ils devront s'occuper du tracé géométrique, que nous enseignons dans notre seconde partie.

Il ne restera plus, pour compléter chez les élèves les connaissances géométriques qui font partie des études primaires, qu'à leur enseigner l'évaluation des superficies et des volumes, et quelques autres théorèmes; c'est l'objet de notre troisième et de notre quatrième partie.

Nous nous sommes d'ailleurs attaché, dans la première partie, à donner toutes les définitions claires, exactes et à les exprimer en peu de mots autant que possible.

Dans les autres parties, nous ne nous sommes pas contenté de donner des règles pour l'exécution des constructions ou pour l'évaluation des superficies et des volumes, nous avons démontré les propositions que nous voulons enseigner, et nous avons cherché d'ailleurs à mettre nos démonstrations à la portée des élèves auxquels ce petit livre est destiné.

C'est que les choses que l'on comprend bien se retiennent facilement ; et puis nous avons espéré que le langage ordinaire des élèves, langage si souvent diffus, si chargé de mots inutiles, s'épurerait par l'emploi assez fréquent de la langue géométrique, qui, plus que toute autre, est concise, claire et logique.

Nous terminerons cette introduction par quelques conseils aux jeunes dessinateurs.

Les figures géométriques tracées aux tableaux noirs doivent avoir d'assez grandes dimensions pour servir à exercer la main et le coup d'œil des élèves : une figure au tableau aura donc quarante ou cinquante centimètres de longueur ou de largeur.

L'élève doit se placer en face du dessin qu'il exécute, et non de côté, position dans laquelle il pourrait tracer des lignes obliques au lieu de lignes d'aplomb.

Il doit peu appuyer sur le crayon blanc, qu'il est d'ailleurs inutile de tailler. On se sert, pour dessiner, de l'extrémité d'une arête de crayon.

Les lignes ne doivent pas être jetées, mais tracées lentement, pour qu'on puisse leur donner la direction et la longueur voulues.

Un dessin se compose toujours d'un contour, et souvent de quelques détails dans l'intérieur. La règle à suivre, quand on le copie, c'est de commencer par le contour, c'est-à-dire par les masses, par l'ensemble, auquel on donne la grandeur voulue; les détails viennent s'y ranger ensuite. On ne réussirait certainement pas à reproduire la grandeur et la forme de l'ensemble si l'on commençait, au contraire, par les détails; de petites erreurs accumulées viendraient déformer grandement la figure totale.

Mais, avant de chercher à donner au contour la forme qu'il doit avoir, il est bon de tracer quelques lignes droites pour en marquer les limites, en largeur et en hauteur; quelques autres lignes tracées à l'intérieur, dont une au milieu principalement, aident beaucoup à trouver la place où doit être situé chacun des détails que l'on a à reproduire.

D'ailleurs, on doit toujours commencer, quand on dessine sur le papier, par représenter un objet au moyen d'un trait léger, qui puisse s'effacer facilement, et l'on repasse le crayon sur le même trait quand on est assuré qu'il est bien à la place qu'il doit occuper.

DESSIN LINÉAIRE GÉOMÉTRIQUE

OU

GÉOMÉTRIE PRATIQUE

PREMIÈRE PARTIE.

DÉFINITIONS.

1. On entend par **définition** l'explication de ce qu'est une chose.

NOTIONS PRÉLIMINAIRES.

2. La **géométrie** est une science qui traite de l'étendue.

3. L'**étendue** est une portion de l'espace infini dans lequel sont placés tous les corps que Dieu a créés.

4. L'étendue peut avoir trois dimensions : longueur, largeur et hauteur.

5. Une **dimension** est la grandeur d'un corps dans un sens déterminé.

6. La **longueur** est la dimension la plus grande d'un corps.

7. La **largeur** est une dimension moindre que la longueur et qui lui est opposée.

8. La **hauteur** est la dimension qui s'étend de haut en bas; cette dimension prend aussi le nom d'épaisseur.

9. La **profondeur** est la dimension qui s'étend aussi de haut en bas, mais pour des cavités, des creux, des vases.

DES LIGNES.

10. Une **ligne** est une étendue en longueur seulement, sans largeur ni épaisseur.

Une ligne se désigne ordinairement par deux lettres qui correspondent à deux de ses points. La ligne ci-dessus se nommerait donc la ligne AB. Cependant une seule lettre pourrait servir à la désigner.

11. Les extrémités d'une ligne se nomment **point**. Le point n'a pas d'étendue.

12. Le point où deux lignes se coupent l'une l'autre se nomme **point de section.**

13. Une **ligne droite** est le plus court chemin d'un point à un autre; exemple la ligne ci-dessus AB.

14. Une **ligne brisée** est une ligne composée de portions de droites qui ne suivent pas la même direction.

15. Une **ligne courbe** est une ligne qui n'est ni droite ni composée de lignes droites

16. Une **ligne horizontale** est une ligne dirigée dans le sens de la surface de l'eau tranquille.

Dans les arts, une ligne horizontale se nomme **ligne de niveau**

17. Une **ligne verticale** est une ligne dirigée dans le sens d'un fil à plomb.

Dans les arts, une ligne verticale se nomme **ligne d'aplomb.**

18. On entend par **lignes parallèles** des lignes menées dans le même sens, et qui, étant à égale distance l'une de l'autre, ne peuvent jamais se rencontrer.

Voir plus loin, nos 21 et 25, pour la **ligne perpendiculaire** et la **ligne oblique.**

DES ANGLES.

19. Un **angle** est l'espace compris entre deux lignes qui se rencontrent.

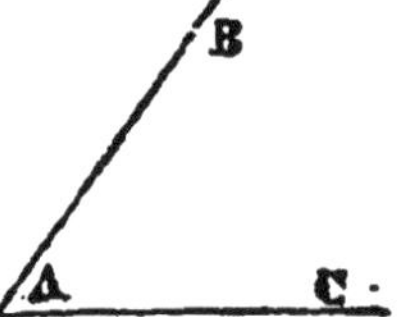

Les deux lignes sont les **côtés de l'angle,** et le point de leur rencontre en est le **sommet.**

Un angle se désigne par une lettre placée entre ses côtés près du sommet, ou par trois lettres, dont une au sommet et qui s'énonce la seconde. On dira donc, pour désigner l'angle ci-dessus, l'angle A ou l'angle BAC.

19 *bis*. Un angle est plus ou moins grand, selon l'écartement plus ou moins grand de ses côtés.

Cet écartement ou cette ouverture se mesure au moyen d'un instrument en cuivre ou en corne, nommé rapporteur, et qui a la forme d'un demi-cercle, dont la courbe ou demi-circonférence, quelle que soit la grandeur de l'instrument, est toujours partagée en 180 parties égales, que l'on nomme des **degrés**. Ces degrés n'ont donc pas une grandeur absolue; ils sont plus ou moins grands selon la grandeur du rapporteur.

On pose donc le centre du rapporteur sur le sommet de l'angle que l'on veut mesurer, et la base ou diamètre sur un des côtés de cet angle, de manière que l'autre côté aille passer en un certain point de la demi-circonférence. Si l'on compte les degrés compris sur l'instrument entre les deux côtés on aura la mesure de l'angle.

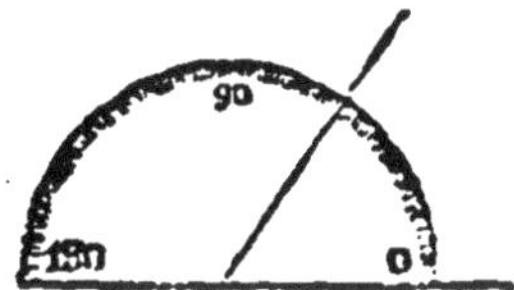

Un angle a toujours moins de 180 degrés, car si ses deux côtés comprenaient cette mesure, ils ne formeraient qu'une seule et même ligne droite, et il n'y aurait plus d'angle.

On comprend, d'après ce qui précède, qu'une circonférence entière se partagerait en 360 degrés.

20. On entend par **angles adjacents** ceux qui, ayant même sommet, ont un côté commun.

21. Lorsqu'une ligne en rencontre une autre et fait avec cette dernière deux angles adjacents égaux, les deux

lignes sont dites **perpendiculaires** entre elles, et les angles qu'elles forment se nomment des angles droits.

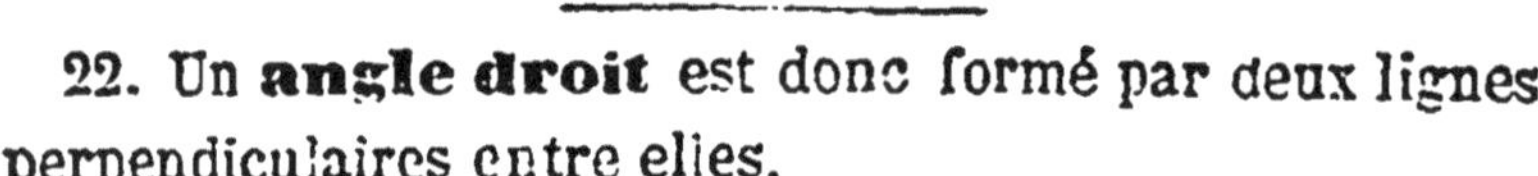

22. Un **angle droit** est donc formé par deux lignes perpendiculaires entre elles.

On dit encore qu'un angle droit est un angle de 90 degrés; car si au centre d'un rapporteur on élève une perpendiculaire sur sa base, les 180 degrés seront répartis entre les deux angles égaux, et chacun en comprendra 90.

Un angle. droit reste tel dans toutes les positions [1].

23. Un **angle aigu** est un angle plus petit qu'un angle droit.

24. Un **angle obtus** est plus grand qu'un angle droit.

25. Une **ligne oblique** est une ligne qui forme des angles inégaux avec celle qu'elle rencontre.

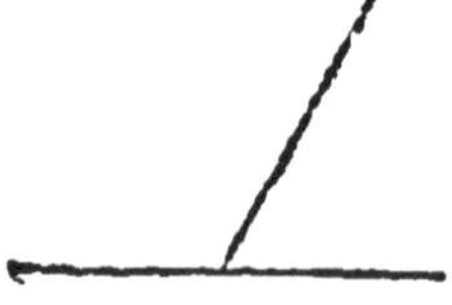

[1] Ne confondez pas la verticale avec la perpendiculaire. La verticale suit toujours la direction du fil à plomb, et la perpendiculaire peut suivre une autre direction; il suffit qu'elle fasse angle droit avec la ligne qu'elle rencontre.

26. Le **complément d'un angle** est ce qui lui manque pour former un angle droit. Deux angles complémentaires valent donc ensemble un angle droit.

27. Le **supplément d'un angle** est ce qui lui manque pour former deux angles droits. Deux angles supplémentaires valent donc ensemble deux angles droits.

DES SURFACES.

28. Une **surface** est une étendue en longueur et en largeur seulement, sans épaisseur.

29. Une **surface plane** ou **un plan** est une surface sur laquelle une ligne droite peut s'appliquer exactement dans tous les sens.

30. Une **surface brisée** est une surface composée de portions de surfaces planes qui se rencontrent en formant des angles.

31. Une **surface est courbe** quand elle n'est ni plane ni composée de surface planes.

32. Une **surface courbe concave** est la surface que présente un objet creux; exemple, l'intérieur d'un vase.

33. Une **surface courbe convexe** est la surface que présente un objet bombé; exemple, l'extérieur d'un vase.

DES FIGURES PLANES ET DES POLYGONES EN GÉNÉRAL.

34. Une **figure plane** est une surface plane terminée de toute parts par des lignes.

35. Une **figure rectiligne** est une figure terminée par des lignes droites. On la nomme aussi un **polygone.**

36. Une **figure curviligne** est terminée par une ou par plusieurs lignes courbes.

37. Une **figure mixtiligne** est terminée par des lignes droites et par des lignes courbes.

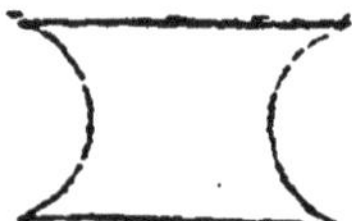

38. Le **périmètre** ou le contour d'un polygone est l'ensemble des lignes qui le limitent.

39. Le **polygone** de 3 côtés se nomme triangle.

—	4	—	quadrilatère.
—	5	—	pentagone.
—	6	—	hexagone.
—	7	—	heptagone.
—	8	—	octogone.
—	9	—	ennéagone.

Le polygone de 10 côtés se nomme décagone.
— 11 — endécagone.
— 12 — dodécagone.
— 15 — pentédécagone.

40. Un **polygone équilatéral** est un polygone dont les côtés sont égaux entre eux.

41. Un **polygone équiangle** est un polygone dont les angles sont égaux entre eux.

42. Un **polygone régulier** est un polygone qui est en même temps équilatéral et équiangle.

43. Un **polygone est irrégulier** quand il ne réunit pas ces deux conditions.

44. Le **centre d'un polygone régulier** est un point situé à égale distance des différents sommets de ce polygone (C).

45. Un **apothème** est une ligne perpendiculaire abaissée du centre sur le milieu d'un côté (A).

46. Un **polygone à angles saillants** est un polygone dont tous les angles ont leur ouverture à l'intérieur.

(Les trois dernières figures ci-dessus ont leurs angles saillants.)

47. Un **polygone à angles rentrants** est un

polygone qui a un ou plusieurs angles dont l'ouverture est extérieure.

48. Deux **figures planes** sont **égales**, lorsque étant appliquées l'une sur l'autre, elles s'ajustent et se confondent parfaitement.

49. Deux **figures** sont **semblables**, quand elles représentent exactement la même forme, mais avec des grandeurs différentes.

50. Deux **figures** sont **équivalentes**, lorsqu'elles ont la même étendue, sans avoir la même forme.

51. Une **figure** est **symétrique**, quand on peut la diviser en deux parties égales au moyen d'une ligne, qui prend alors le nom d'**axe de symétrie**, et quand de plus, la figure étant pliée sur cet axe, une des deux parties peut exactement couvrir l'autre (A).

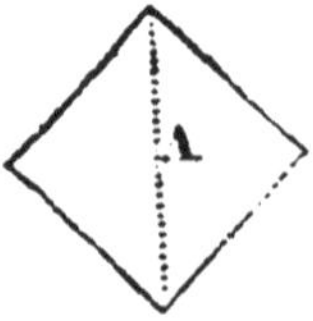

5 Une **diagonale** est une ligne droite qui joint les

sommets de deux angles non adjacents, dans un polygone quelconque (D).

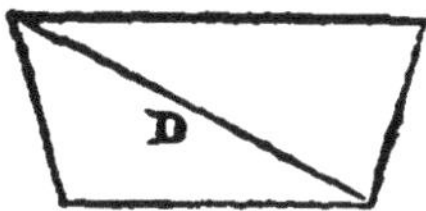

53. *Note.* On a déjà parlé d'**angles adjacents**, n° 20 ; il s'agissait alors d'angles adjacents entre eux. Ici, il s'agit d'angles adjacents à un côté, c'est-à-dire d'angles dont les sommets sont aux extrémités de ce côté.

DES TRIANGLES.

54. On a déjà vu que le polygone de trois côtés se nomme **triangle**.

En considérant les angles d'un triangle, on dit que ce triangle est rectangle, ou acutangle, ou obtusangle.

55. Un **triangle rectangle** est un triangle qui a un angle droit. Le côté opposé à l'angle droit se nomme **hypoténuse** (H).

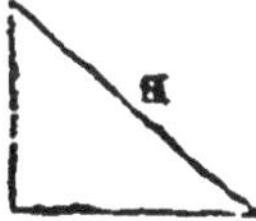

56. Un **triangle acutangle** est un triangle dont les trois angles sont aigus.

57. Un **triangle obtusangle** est un triangle qui a un angle obtus.

58. En considérant les côtés d'un triangle, on dit que ce triangle est équilatéral, ou isocèle, ou scalène.

59. Un **triangle équilatéral** est un triangle qui a ses trois côtés égaux.

60. Un **triangle isocèle** est un triangle dont deux côtés sont égaux.

61. Un **triangle scalène** est un triangle qui a ses trois côtés inégaux.

62. On distingue dans un triangle la base, le sommet, la hauteur.

63. **La base d'un triangle** est le côté sur lequel il est censé posé (B).

64. Le **sommet du triangle** est le sommet de l'angle opposé à la base (S).

65. **La hauteur du triangle** est la perpendiculaire abaissée du sommet sur la base, que l'on prolonge, s'il est nécessaire (H).

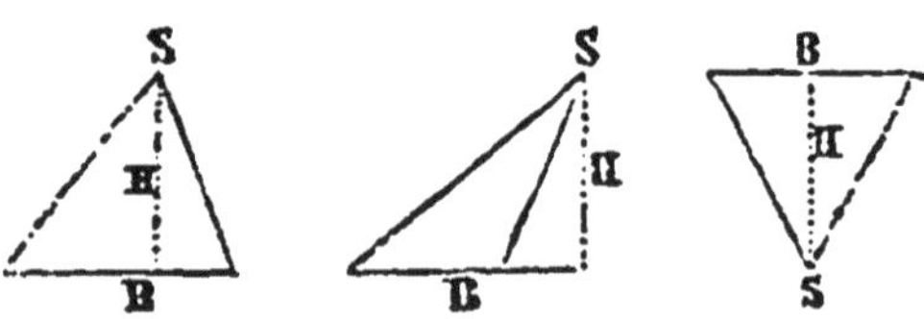

Dans le dernier des trois triangles ci-dessus, on dit que le sommet est sous la base.

DES QUADRILATÈRES.

66. Un **quadrilatère** est une figure plane terminée par quatre lignes droites.

Mais on désigne ordinairement par ce nom une figure irrégulière, et l'on donne des noms différents aux autres quadrilatères dont les côtés sont disposés symétriquement. Nous allons parler de ces différentes figures.

67. Un **parallélogramme** est une figure de quatre côtés qui sont parallèles et égaux deux à deux.

68. Un **rectangle** est un parallélogramme dont les angles sont droits[1].

69. Un **carré** est un parallélogramme dont les angles sont droits et dont les côtés sont égaux.

70. Un **losange** est un parallélogramme dont les

[1] Cette figure est vulgairement appelée un CARRÉ LONG.

quatre côtés sont égaux et dont les angles ne sont pas droits.

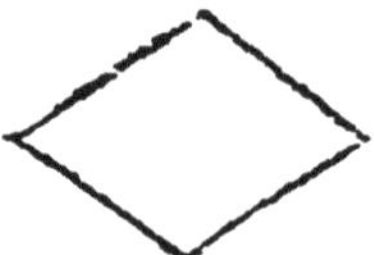

71. On nomme **base inférieure,** dans un parallélogramme, le côté sur lequel il est censé posé; le côté parallèle est la **base supérieure,** (BI, BS).

72. La **hauteur** est la perpendiculaire menée de la base supérieure sur la base inférieure, que l'on prolonge s'il est nécessaire (H).

73. Un **trapèze** est un quadrilatère dont deux côtés seulement sont parallèles. — Ces deux côtés parallèles sont les **bases** du trapèze (B, B). La perpendiculaire qui en marque la distance est la **hauteur** (H).

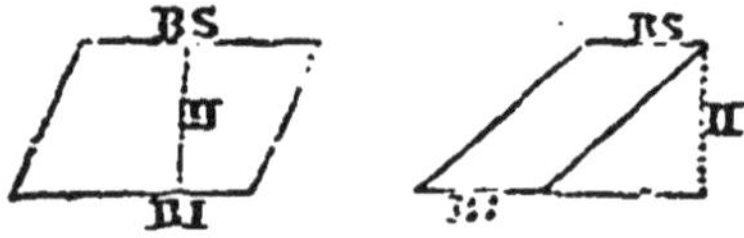

Cette espèce de figure comprend le trapèze symétrique et le trapézoïde.

74. Un **trapèze symétrique** est un trapèze dont les deux côtés non parallèles sont égaux.

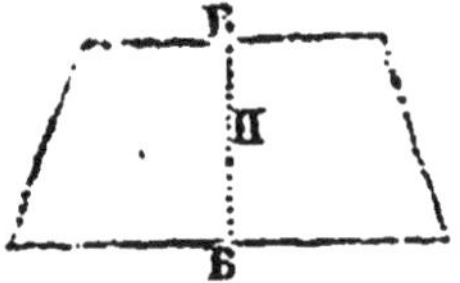

75. Un **trapézoïde** a ses quatre côtés inégaux, mais deux sont parallèles entre eux.

Il prend le nom de **trapèze rectangle** quand il a deux angles droits (A, D).

DU CERCLE.

76. Un **cercle** est une surface terminée par une ligne courbe dont tous les points sont également éloignés d'un point intérieur qu'on nomme centre.

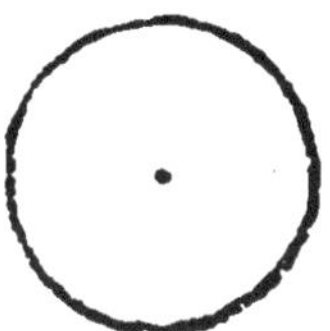

77. La ligne courbe qui limite le cercle se nomme **circonférence**.

78. On nommme **arc** une portion de circonférence.

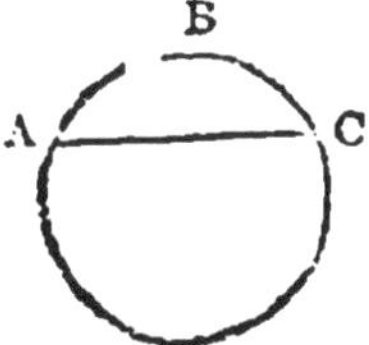

On désigne un arc au moyen de trois lettres ; exemple, l'arc A B C.

79. Des **circonférences** sont **concentriques** quand elles ont le même centre.

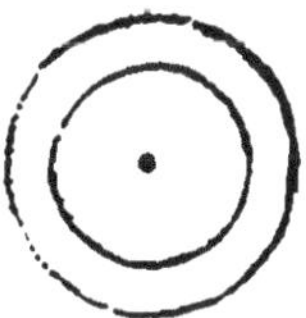

80. Des **circonférences** sont **excentriques** quand elles n'ont pas le même centre.

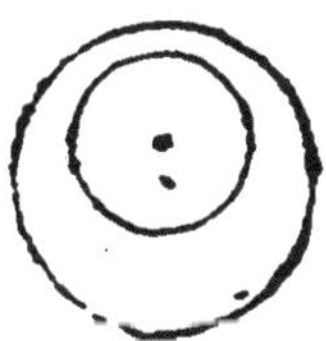

81. Un **rayon** est une ligne droite menée du centre à la circonférence (R).

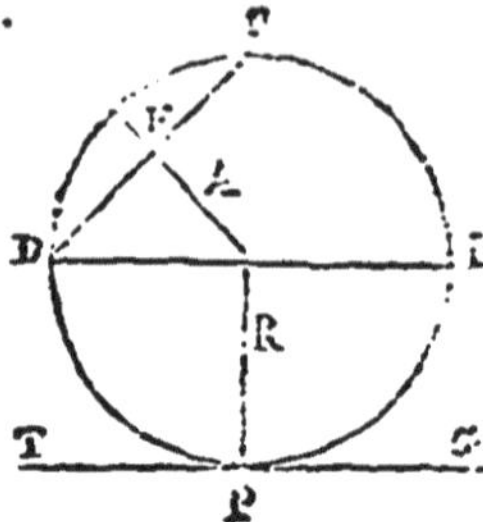

82. Un **diamètre** est une droite qui, passant par le centre, se termine de part et d'autre à la circonférence (D I).

83. La **corde** ou **sous-tendante** d'un arc est la droite qui en joint les deux extrémités (C D).

84. Une **flèche** est une perpendiculaire élevée sur le milieu d'une corde, et qui se termine à un arc (F).

85. Un **apothème** est une perpendiculaire élevée du centre d'un cercle sur le milieu d'une corde tracée dans ce cercle (A).

86. Une **tangente** est une ligne qui touche une circonférence en un point (TG). Ce point se nomme point de contact (P).

87. Des **circonférences** sont **tangentes** entre elles lorsqu'elles se touchent en un point, soit en dedans, soit en dehors.

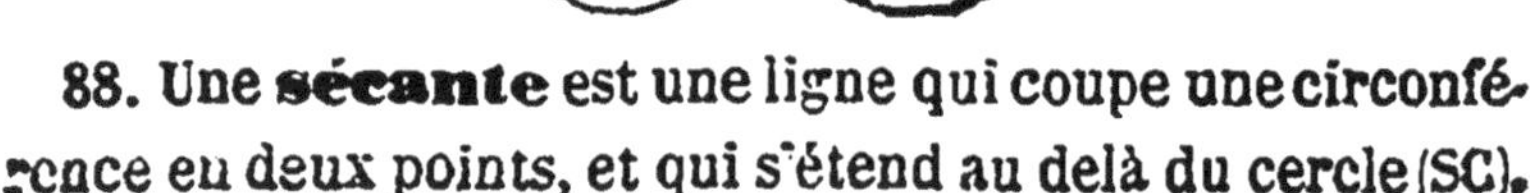

88. Une **sécante** est une ligne qui coupe une circonférence en deux points, et qui s'étend au delà du cercle (SC).

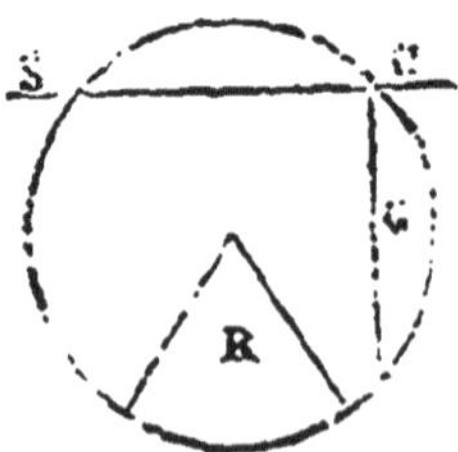

89. Un **segment de cercle** est une partie de surface de cercle comprise entre un arc et sa corde (G).

90. Un **secteur de cercle** est une partie de surface de cercle comprise entre un arc et les deux rayons menés aux extrémités de cet arc (R).

91. Une **couronne** est une partie de surface de cercle comprise entre deux circonférences concentriques.

92. Un **angle au centre** est un angle qui a son sommet au centre d'une circonférence.

93. Un **angle inscrit** est un angle qui a son sommet à la circonférence d'un cercle, et dont les côtés sont deux cordes de ce cercle.

DES POLYGONES INSCRITS ET CIRCONSCRITS.

94. Un **polygone inscrit** dans un cercle est un polygone dont tous les sommets sont à la circonférence de ce cercle.

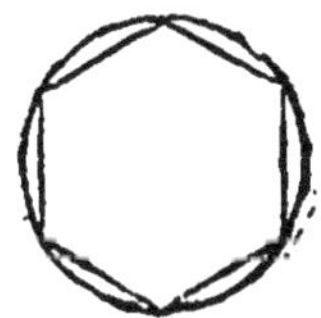

95. Un **polygone** est **circonscrit** à un cercle quand tous ses côtés sont tangents à la circonférence de ce cercle.

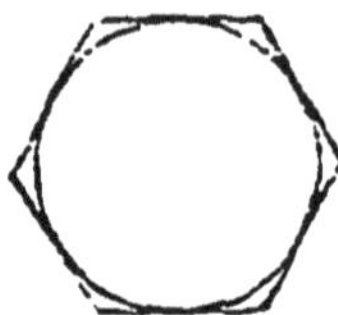

96. Un **cercle inscrit** dans un polygone est un cercle dont la circonférence touche tous les côtés de ce polygone.

97. Un **cercle** est **circonscrit** à un polygone quand la circonférence de ce cercle passe par tous les sommets de ce polygone.

DES LIGNES PROPORTIONNELLES.

98. On entend par **lignes proportionnelles** des lignes qui peuvent former entre elles une **proportion**, c'est-à-dire, dont les longueurs sont telles que la première est contenue dans la deuxième, autant que la troisième est contenue dans la quatrième; d'où l'on voit qu'une proportion a quatre termes.

99. Lorsque les deux termes **moyens**, c'est-à-dire, lorsque la deuxième et la troisième ligne sont égales entre elles, chacune est appelée **moyenne proportionnelle** entre la première et la quatrième ligne, qu'on nomme les **extrêmes** de la proportion.

DES SOLIDES EN GÉNÉRAL.

100. On nomme **corps** ou **solide** tout ce qui réunit les trois dimensions de l'étendue : la longueur, la largeur, la hauteur [1].

Observons qu'un corps n'est pas toujours un solide.

101. Un corps est un solide, quand les parties qui le composent sont liées entre elles de manière à offrir une certaine résistance ; exemple, une pierre, une pièce de bois.

102. Mais un corps n'est pas un solide quand les parties qui le composent tendent à se séparer, à glisser les unes sur les autres ; exemple, l'eau, l'air.

103. Un solide peut être terminé par des faces planes ; il prend alors le nom de **polyèdre.**

---

[1] Une surface est la limite d'un corps ; mais comme on peut considérer une surface indépendamment du corps auquel elle appartient, nous avons pu parler des surfaces dès le n° 28.

De même une ligne est la limite d'une surface ; mais comme on peut considérer une ligne indépendamment de la surface à laquelle elle appartient, nous avons traité des lignes dès le n° 10.

Les figures qui vont suivre, c'est-à-dire, celles des solides, ne peuvent présenter à la fois toutes leurs faces sous leurs grandeurs et sous leurs formes réelles. On conçoit, en effet, que les faces qui sont situées sur les côtés de ces figures ou à leurs bases doivent paraître plus petites qu'elles ne le sont réellement, puisqu'elles sont vues en raccourci, et que les faces qui sont situées derrière ces mêmes figures ne peuvent nullement être aperçues ; mais nous indiquons les contours de celles-ci par des lignes ponctuées, qui sont censées vues à travers les solides. Ces représentations de figures à plusieurs faces se nomment des projections.

104. On nomme **corps rond** un solide à surface courbe, et produit par un mouvement de rotation.

105. Un **côté** ou une **arête,** dans un polyèdre, est la ligne formée par la rencontre de deux faces adjacentes de ce polyèdre.

106. Un **angle solide** est l'espace angulaire compris entre plusieurs faces qui se réunissent en un même point. — Il faut au moins trois faces pour former un angle solide.

107. Les **sommets d'un polyèdre** sont les points situés aux sommets de ses différents angles solides.

DES POLYÈDRES RÉGULIERS.

108. Plusieurs polyèdres portent le nom de **polyèdres réguliers**. Ce sont ceux dont toutes les faces sont des polygones réguliers égaux, et dont tous les angles solides sont égaux entre eux.

Il y a cinq polyèdres réguliers; savoir:

109. Le **tétraèdre régulier,** solide terminé par quatre triangles équilatéraux.

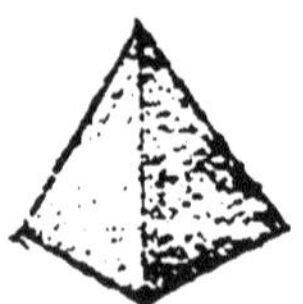

110. **L'exahèdre régulier,** ou **cube,** solide terminé par six carrés[1].

[1] Un cube offre la forme d'un dé à jouer.

111. **L'octaèdre régulier,** solide terminé par huit triangles équilatéraux.

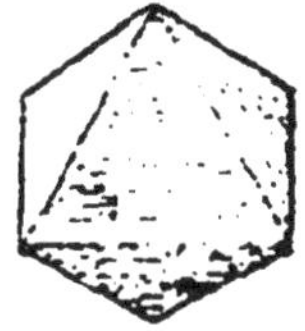

112. Le **dodécaèdre régulier**, solide terminé par douze pentagones réguliers.

113. L'**isocaèdre régulier,** solide terminé par vingt triangles équilatéraux.

Tous les autres **polyèdres** sont **irréguliers.**

DES PRISMES.

114. Un **prisme** est un solide qui a pour bases deux polygones égaux et parallèles, et dont les faces latérales sont des parallélogrammes [1].

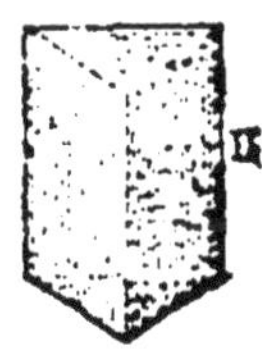

[1] LATÉRALES, c'est-à-dire, qui sont situées sur les côtés, entre les deux bases.

115. La **surface convexe** ou **latérale** du prisme est formée par l'ensemble des faces latérales.

116. La **surface totale** comprend de plus les deux bases.

117. Un **prisme** est **droit** lorsque ses arêtes latérales sont perpendiculaires sur les bases ; il est **régulier** quand il est droit, et qu'en même temps ses bases sont des polygones réguliers (figure ci-dessus).

118. Un **prisme** est **oblique** lorsque ses arêtes latérales sont obliques sur les bases.

119. La **hauteur d'un prisme** est la perpendiculaire abaissée de la base supérieure sur le plan de la base inférieure (H).

120. Un **prisme** est **triangulaire** quand ses bases sont des triangles (voir la figure du n° 114) ; il est **quadrangulaire** quand les bases sont des quadrilatères (n° 123), **pentagonal** quand les bases sont des pentagones.

121. Un **prisme** est **tronqué** quand ses bases ne sont point parallèles.

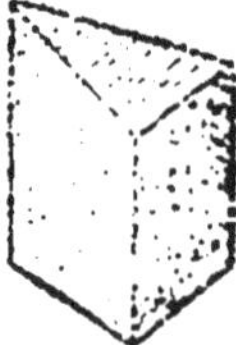

122. Un **parallélipipède** est un prisme dont toute

les faces, compris les bases, sont des parallélogrammes (voir les deux figures suivantes).

123. Un **parallélipipède rectangle** est un parallélipipède dont toutes les faces sont des rectangles[1].

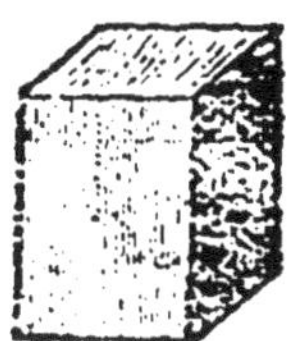

124. On dit qu'un **parallélipipède** est **droit**, quand ses arêtes latérales sont perpendiculaires sur les bases (figure ci-dessus); il est **oblique** si les arêtes latérales sont obliques.

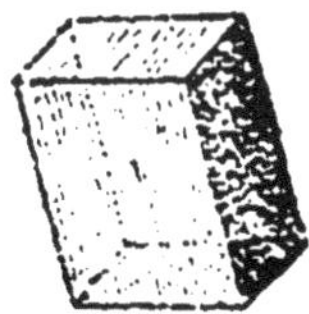

DE LA PYRAMIDE.

125. Une **pyramide** est un solide ayant pour base un polygone quelconque, et dont les faces latérales, qui sont des triangles, ont leurs sommets réunis en un point commun, nommé sommet de la pyramide.

126. La **surface convexe** ou **latérale** d'une pyramide est formée par l'ensemble des triangles latéraux.

127. La **surface totale** comprend de plus la base.

---

[1] Le CUBE, que nous avons vu parmi les polyèdres réguliers, est aussi un parallélipipède rectangle.

Les parallélipipèdes rectangles offrent les formes que l'on donne aux piles de bois.

128. Une **pyramide** est **régulière** lorsque les triangles qui composent la surface latérale sont égaux entre eux [1] (voir les figures des nos 125 et 131).

Dans tout autre cas, la **pyramide** est **irrégulière.**

129. La **hauteur d'une pyramide** est la perpendiculaire abaissée du sommet sur le plan de la base (H).

130. Dans une pyramide régulière, la hauteur prend le nom d'**axe.**

131. Une **pyramide** est **triangulaire** quand sa base est un triangle (figure du n° 128). Elle est **quadrangulaire** quand la base est un quadrilatère (n° 125); **pentagonale** quand la base est un pentagone.

132. Une **pyramide** est **tronquée** lorsqu'on en sépare vers le sommet une petite pyramide, au moyen d'une section parallèle ou non à la base [2].

---

[1] Le TÉTRAÈDRE RÉGULIER, que nous avons vu parmi les polyèdres, est aussi une pyramide régulière.

[2] SECTION, c'est une coupure, c'est-à-dire l'endroit où une chose est coupée.

DES TROIS CORPS RONDS.

DU CYLINDRE.

133. Les **trois corps ronds** dont s'occupe la géométrie élémentaire sont le cylindre, le cône et la sphère.

134. Un **cylindre droit** est un solide produit par la révolution d'un rectangle tournant sur un de ses côtés[1].

135. **L'axe** du cylindre est le côté immobile sur lequel tourne le rectangle.—On dit aussi que c'est la droite qui joint les centres des deux bases (A).

136. Le **coté générateur** est le côté parallèle à l'axe, et qui décrit la surface latérale ou convexe du cylindre (G).

137. Les **bases du cylindre** sont les deux cercles égaux décrits par les deux côtés perpendiculaires à l'axe.

138. Un **cylindre** est **droit** quand l'axe est perpendiculaire aux deux bases (n° 134).

139. Un **cylindre** est **oblique** quand son axe tombe obliquement sur ses bases[2].

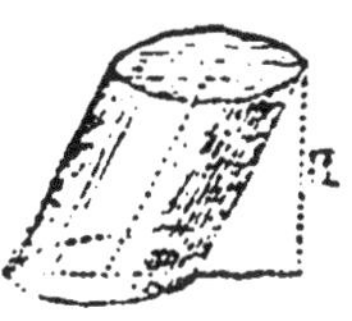

---

[1] Un cylindre droit présente la forme d'un rouleau, d'un tuyau.

[2] Il n'y a pas de figure géométrique qui, en tournant sur un de ses côtés, puisse engendrer un cylindre oblique.

140. **La hauteur d'un cylindre** est la perpendiculaire abaissée de la base supérieure sur le plan de la base inférieure (H).

141. Dans le cylindre droit, l'axe même exprime la hauteur du cylindre (A).

142. On dit qu'un **cylindre** est **tronqué** quand ses bases ne sont point parallèles.

143. Toute section parallèle aux bases, dans un cylindre droit, est un cercle.

Toute section oblique est une **ellipse.**

DU CONE.

144. Un **cône droit** est un solide produit par la révolution d'un triangle rectangle tournant autour d'un côté mobile dans son angle droit[1].

145. **L'axe du cône** est le côté immobile sur lequel tourne le triangle rectangle (A).

146. Le **côté opposé** ou **apothème** est l'hypoténuse du triangle rectangle, ligne qui décrit la surface latérale ou convexe du cône (C).

---

[1] Un cône droit offre à peu près la forme d'un pain de sucre.

147. On appelle **base du cône** le cercle décrit par le côté de l'angle droit perpendiculaire à l'axe.

148. Le **sommet du cône** est le point du cône le plus éloigné de la base (S) (n° 144).

149. Un **cône** est **droit** quand son axe est perpendiculaire sur la base (n° 144).

150. Un **cône** est **oblique** quand son axe est oblique sur la base[1].

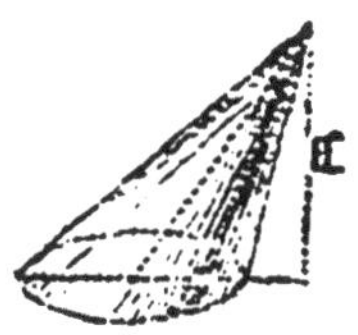

151. La **hauteur d'un cône** est la perpendiculaire abaissée du sommet sur le plan de la base (H).

152. Dans le cône droit, l'axe même exprime la hauteur du cône (A) (n° 144).

153. Un **cône** est **tronqué** lorsqu'on en sépare vers le sommet un petit cône, au moyen d'une section parallèle ou non à la base.

DES SECTIONS CONIQUES.

154. On peut faire cinq sections différentes dans un cône; on obtient alors les cinq figures que nous allons faire connaître :

---

[1] Il n'y a pas de figure géométrique qui, en tournant sur un de ses côtés, puisse engendrer un cône oblique.

155. Un **triangle isocèle,** si la section faite dans un cône passe par le sommet et suit la direction de l'axe.

156. Un **cercle**, si la section est faite parallèlement à la base (C).

157. Une **ellipse** : on obtient cette courbe en coupant entièrement la surface latérale du cône obliquement à la base (E)[1].

158. Une **parabole,** courbe que donne la section faite dans le cône parallèlement au côté (P)[2].

159. Une **hyperbole**, courbe qu'on obtient au moyen d'une section faite dans un cône, de telle sorte

---

[1] Une ellipse présente à peu près la forme d'un cercle allongé.

[2] Une corde pendante, et dont on tient les deux extrémités écartées, offre la forme d'une parabole.

que cette section prolongée rencontre le côté opposé du cône aussi prolongé (H).

160. On nomme **grand axe** d'une ellipse la droite qui en joint les deux points les plus éloignés (GA).

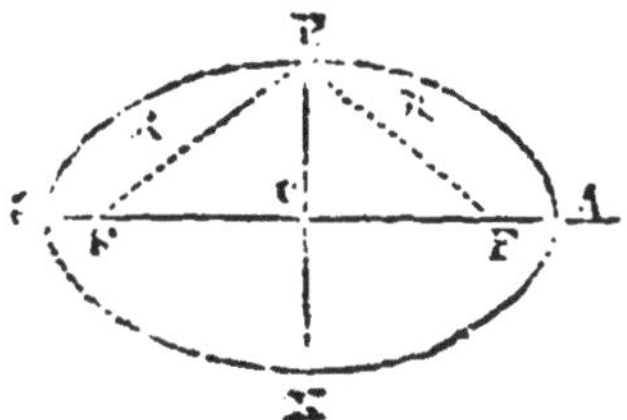

161. Le **petit axe** de l'ellipse est la droite perpendiculaire au milieu du grand axe, et qui se termine de part et d'autre à l'ellipse (PX).

162. Le **centre** de l'ellipse est le point où se rencontrent les deux axes (C).

163. Les **foyers** de l'ellipse sont deux points situés sur le grand axe, à égale distance du centre, et tels que, si de ces deux points on mène deux droites à un point quelconque de la courbe, la somme de ces deux droites égale le grand axe (F,F).

164. Les droites qui, des foyers, se réunissent ainsi en un point de la courbe se nomment des **rayons vecteurs** (R,R).

165. Les extrémités du grand axe sont les **sommets** de l'ellipse.

On voit d'abord que l'ellipse est une courbe fermée.

166. Une **parabole** est une courbe ouverte qui a

chacun de ses points également éloigné d'un point nommé foyer, et d'une droite qu'on nomme directrice.

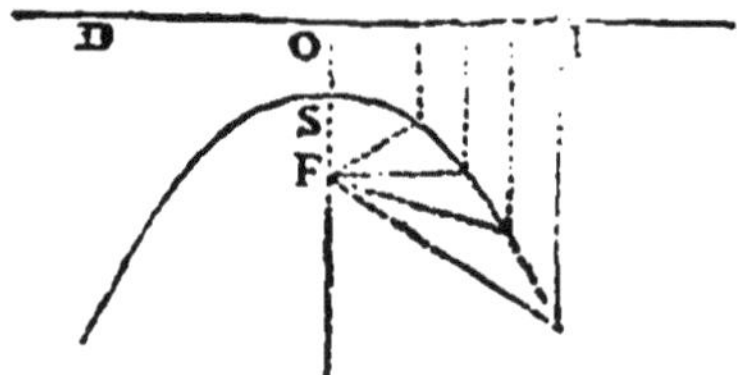

DR est la **directrice.**

F — le **foyer.**

S — le **sommet.**

Si une perpendiculaire OSF à la directrice passe par le foyer F, sa partie SF prolongée indéfiniment est l'**axe.**

167. Une **hyperbole** est une courbe dont la différence de distance de chacun de ses points à deux points fixes qu'on appelle foyers est partout la même.

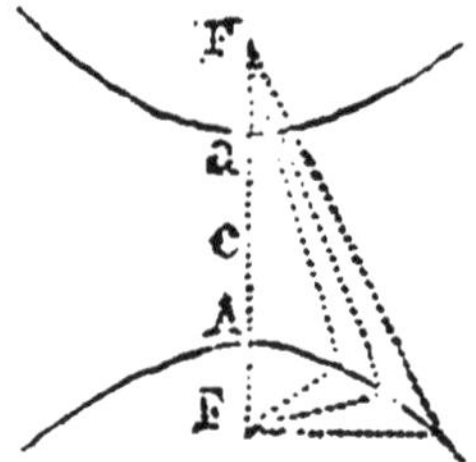

L'hyperbole a deux branches, qu'on nomme **hyperboles opposées.**

F,F sont les **foyers.**

Aa est l'**axe.**

c, milieu de Aa, est le **centre.**

DE LA SPHÈRE.

168. Une **sphère** est un solide terminé par une surface courbe dont tous les points sont également distants d'un point intérieur qu'on nomme centre [1].

---

[1] Une sphère présente la forme d'une bille, d'une boule.

On l'imagine engendrée par la révolution d'un demi-cercle tournant sur son diamètre.

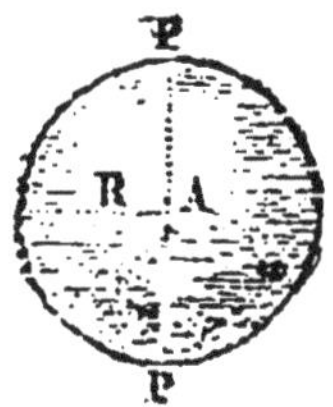

169. **L'axe de la sphère** est ce diamètre sur lequel tourne le demi-cercle (A).

170. Les deux **pôles de la sphère** sont les deux extrémités de son axe (P,P).

171. Le **rayon d'une sphère** est une ligne droite menée du centre à un point quelconque de la surface (R).

172. Le **diamètre d'une sphère** est une ligne droite passant par le centre et terminée de part et d'autre à la surface.

173. Toute section faite dans une sphère, par un plan, offre un cercle.

174. On appelle **grand cercle de sphère** un cercle qui a son centre au centre même de la sphère (G).

175. Un **petit cercle de sphère** est un cercle dont le centre n'est point au centre de la sphère (P).

176. Un **fuseau** est une partie de surface de sphère comprise entre deux demi grands cercles dont le diamètre est commun (F).

177. Une **zone** est une partie de surface de sphère comprise entre deux cercles parallèles. — Ces deux cercles se nomment bases de la zone (Z).

178. Une **calotte sphérique** est la surface courbe qui limite en partie le solide qu'on obtient en coupant une sphère par un plan. — C'est une sorte de zone qui n'a qu'une base (C).

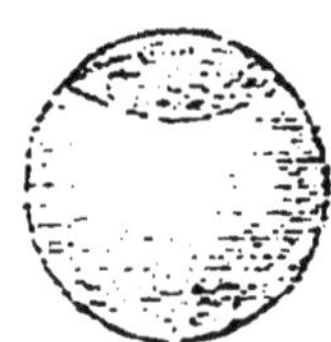

179. Un **onglet** ou un **coin sphérique** est une partie solide de sphère, comprise entre un fuseau qui lui sert de base et deux demi grands cercles dont le diamètre est commun[1] (voir la figure du n° 176).

180. Un **segment sphérique** est une partie solide de sphère comprise entre une zone et ses deux bases.

181. Un **segment extrême** est une partie solide de sphère comprise entre une calotte sphérique et sa base.

182. Un **secteur sphérique** est une partie solide de sphère, ayant la forme d'un cône qui aurait son sommet au centre de la sphère, et dont la base serait une calotte sphérique (S).

---

[1] C'est à peu près la forme d'une tranche d'orange.

NOTES SUR QUELQUES DÉFINITIONS.

Page 8, n° 16. La ligne horizontale étant dirigée dans le sens de la surface de l'eau tranquille est réellement une ligne courbe, car la terre que nous habitons, bien que couverte d'eau en grande partie, a la forme d'une sphère. Mais, vu la grosseur de la terre et le peu d'étendue des lignes horizontales que nous considérons, nous pouvons regarder ces lignes comme des droites.

Page 8, n° 17. La ligne verticale étant dirigée dans le sens d'un fil à plomb est dirigée aussi vers le centre de la terre; et la terre ayant la forme d'une sphère, toutes les lignes verticales, dirigées vers le centre, c'est-à-dire vers un même point, ne sont pas parallèles entre elles. Cependant, vu le peu de distance qui sépare les lignes verticales que nous considérons dans un même lieu, nous pouvons les regarder comme parallèles.

Page 17, n° 63. Les figures planes rectilignes et les solides que nous avons représentés ont, en général, comme on l'a vu, une base placée horizontalement. C'est que les figures dans cette position sont plus faciles à reconnaître et à dessiner. Cependant, elles pourraient être posées autrement; la base d'une figure pourrait être oblique relativement à la ligne de niveau : dans ce cas, on dirait que cette figure est obliquement placée sur l'horizon.

Page 25, n° 108. Nous avons dit qu'il y a cinq polyèdres réguliers; ajoutons qu'il ne peut y en avoir davantage. En effet, les faces de ces figures doivent être des polygones réguliers. Or, des triangles équilatéraux ont été employés dans le tétraèdre régulier, où ils se réunissent trois à trois pour former un angle solide; dans l'octaèdre régulier, où ils se réunissent quatre à quatre; et dans l'icosaèdre régulier, cinq à cinq. Si l'on en rapproche six autour d'un même point, il n'y a plus d'angle solide, mais bien une surface plane formée par la réunion de ces six triangles; et, dans ce cas, impossibilité de construire un solide. — Dans le cube, les carrés se réunissent trois à trois pour former un angle solide; et, si l'on en rapproche quatre, on obtient une surface plane. — Dans le dodécaèdre régulier, les pentagones réguliers se réunissent trois à trois et l'espace autour d'un même point ne permettrait pas d'en tenir quatre. — Si l'on réunit trois hexagones réguliers autour d'un point, ils forment une surface plane. — Il n'est donc pas possible de construire d'autres polyèdres réguliers que les cinq que nous avons fait connaître.

DEUXIÈME PARTIE.

DESSIN GÉOMÉTRIQUE

OU

PROBLÈMES DE GÉOMÉTRIE

A RÉSOUDRE A L'AIDE DES INSTRUMENTS.

Un **Problème** de géométrie est une question qu'il s'agit de résoudre en s'appuyant sur des vérités déjà démontrées [1].

Il y a deux sortes de problèmes en géométrie : les uns sont graphiques, c'est-à-dire qu'ils exigent des constructions faites à l'aide des instruments : tels sont les problèmes qui vont nous occuper dans la deuxième partie.

Les autres problèmes sont numériques, c'est-à-dire que, pour en obtenir les solutions, il faut opérer sur des nombres; les problèmes de cette sorte se présenteront dans notre troisième partie.

Résoudre un problème, c'est parvenir à trouver ce qui était demandé.

---

[1] On s'étonnera peut-être de voir les problèmes placés avant les théorèmes qui leur servent de bases; mais nous n'avons pas voulu nous éloigner de notre but principal, qui est l'enseignement du dessin linéaire, et dès lors nous avons dû présenter le dessin avec instruments immédiatement après le tracé à main levée. Seulement, nous indiquons à la suite de chaque problème le principe sur lequel il repose.

La Solution d'un problème est le résultat demandé : c'est aussi l'ensemble des raisonnements et des opérations que l'on fait pour trouver ce résultat.

Nous avons fait voir dans la première partie toutes les figures géométriques, et l'élève doit en connaître à présent les formes et les définitions; de plus, il a dû s'exercer à reproduire à main levée sur le tableau toutes ces figures dans de grandes dimensions; mais il n'a pu obtenir par ce moyen des dessins fort exacts; et, comme nous l'avons dit, il est souvent nécessaire, dans les arts, de représenter les objets avec une grande précision. Nous allons, dans cette seconde partie, enseigner les moyens de le faire.

Quant au nombre des problèmes de géométrie, il est illimité, et nous n'avons pas, d'ailleurs, l'intention d'en présenter ici un très-grand nombre; mais nous pouvons assurer que les problèmes que nous enseignons à résoudre sont bien ceux qui sont le plus souvent proposés, ceux qui ont rapport aux constructions le plus fréquemment employées dans les arts.

Il nous serait d'ailleurs impossible de faire connaître toutes les applications qui peuvent être faites de ces constructions géométriques; elles sont sans nombre. A chaque instant, on exécute ces sortes de constructions dans la menuiserie, la maçonnerie, la charpenterie, la serrurerie, la coupe des pierres, l'architecture, la construction des machines, et dans une foule d'autres professions.

Après avoir décrit les constructions à faire pour résoudre un problème, nous donnons toujours une démonstration qui justifie ces constructions, ou bien nous renvoyons pour cette démonstration à un des théorèmes que présente notre quatrième partie. Disons, à ce sujet, que, si l'on trouve ces démonstrations encore trop fortes pour les élèves, on les passera pour le moment, et l'on se contentera de leur enseigner les constructions, sans les raisonnements qui les justifient.

EXPLICATIONS DE QUELQUES TERMES EMPLOYÉS EN GÉOMÉTRIE.

Axiome. C'est une vérité évidente par elle-même [1].

Théorème. C'est une vérité qui, pour devenir évidente, a besoin d'une démonstration.

Corollaire. C'est la conséquence que l'on tire d'une vérité déjà démontrée [2].

Démonstration. C'est un raisonnement qui prouve une chose d'une manière évidente et convaincante.

Proposition. C'est le nom commun que l'on donne aux théorèmes et aux problèmes.

EXPLICATIONS DE QUELQUES SIGNES.

Le signe + se prononce **plus**, et indique l'addition. A + B signifie donc la quantité représentée par A, augmentée de la quantité représentée par B.

Le signe — se prononce **moins**, et indique la soustraction. A — B signifie la quantité A moins la quantité B.

Le signe × se prononce **multiplié par**, et indique la multiplication. A × B signifie A multiplié par B.

Le signe : se prononce **divisé par**, et indique la di-

---

[1] ÉVIDENT veut dire qui est visible, qui est clair.

[2] CONSÉQUENCE signifie conclusion, résultat

vision. A : B signifie A divisé par B. $\frac{A}{B}$ signifie aussi A divisé par B.

Le signe = se prononce **égale**, et indique l'égalité des quantités entre lesquelles il est placé. A = B signifie A égale B.

Le signe > se prononce **plus grand que**. A > B signifie A plus grand que B.

Le signe < se prononce **plus petit que**. A < B signifie A plus petit que B.

A^2 indique le carré ou la seconde puissance de la quantité représentée par A.

B^3 indique le cube ou la troisième puissance de la quantité B.

$\sqrt{A}$ indique la racine carrée de la quantité représentée par A.

$\sqrt[3]{B}$ indique la racine cubique de la quantité B.

AXIOMES.

1. Un tout est plus grand qu'une de ses parties.
2. Un tout est égal à la somme de ses parties.
3. Deux quantités égales chacune à une troisième sont égales entre elles.
4. Lorsque deux quantités sont égales, si on les augmente ou si on les diminue l'une et l'autre d'une même quantité, les résultats sont encore égaux.
5. Lorsque deux quantités sont inégales, si on les augmente ou si on les diminue l'une et l'autre d'une même quantité, les résultats sont encore inégaux.
6. D'un point à un autre, il ne peut y avoir qu'une seule ligne droite.
7. Tous les angles droits sont égaux entre eux.

TRACÉ ET DIVISION DES LIGNES.

PROBLÈME I.

Tracer une ligne droite.

Placez sur un tableau une règle bien dressée, et maintenez-la de la main gauche; — faites glisser un crayon le long de cette règle, à l'aide de la main droite.

La trace laissée par ce crayon sur le tableau est une ligne droite[1].

Voir les définitions, page 8, n° 15.

PROBLÈME II.

Tracer une ligne droite horizontale.

Appliquez une règle sur un tableau vertical, et maintenez-la de la main gauche; — posez sur cette règle, avec l'autre main, un niveau de maçon, et ajustez la règle de

---

[1] *Vérification de la règle.* Pour s'assurer que la règle que l'on emploie est bien dressée, il faut, après avoir tracé une ligne comme on l'a fait ci-dessus, placer la règle au-dessus de cette ligne, de telle sorte que le bord le long duquel on a fait glisser le crayon touche encore les points situés aux extrémités de la ligne; puis il faut tracer une nouvelle ligne. Si cette dernière se confond avec celle qu'on a déjà tracée, c'est une preuve que la règle est bien dressée, car entre deux points il ne peut y avoir qu'une seule ligne droite.

telle sorte que le fil à plomb pende juste sur le trait marqué au milieu de la traverse du niveau.

Enlevez ensuite le niveau en maintenant la règle de la main gauche, et tracez une ligne en faisant glisser un crayon le long de la règle ; cette ligne sera une horizontale.

Au lieu du niveau de maçon, on peut employer le niveau à bulle d'air. Dans ce cas, la règle doit être placée de telle sorte que, quand ce dernier niveau est posé dessus, la bulle d'air se maintienne au milieu du tube de verre.

Voir les définitions, page 8, n° 16.

PROBLÈME III.

Tracer une ligne droite verticale.

Faites pendre un fil le long d'un tableau vertical ; — placez une règle sur ce tableau dans la direction du fil à plomb, et tracez une ligne en suivant le bord de la règle ; cette ligne sera une verticale.

Voir les définitions, page 8, n° 17.

PROBLÈME IV.

Diviser une ligne droite en deux parties égales, puis en quatre parties, en huit parties égales.

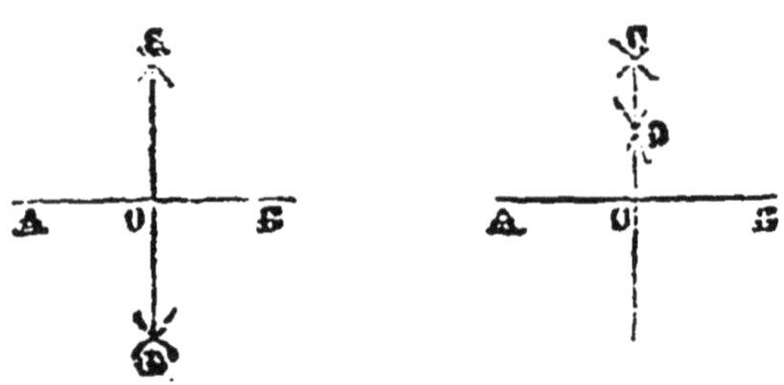

Soit AB la ligne à diviser.

Prenez une ouverture de compas plus grande que la moitié de AB[1]. — Des points A et B comme centres, tracez successivement avec cette ouverture deux arcs qui se coupent au-dessus de AB; vous aurez un point de section C.

Opérez de même au-dessous de AB; vous aurez un autre point de section D.

La droite qui passera par les points C et D divisera AB en deux parties égales au point O.

Remarques. On pourrait obtenir les deux points de section au-dessus ou au-dessous de AB, en prenant pour le second point une ouverture de compas différente de celle qu'on aurait prise pour le premier. Mais l'opération réussit mieux quand les deux points de section sont moins rapprochés l'un de l'autre.

---

[1] Pour abréger, on ne répète pas toujours le mot ligne; mais par LA MOITIÉ DE AB il faut entendre LA MOITIÉ DE LA LIGNE AB. De même, on dit UNE DROITE pour UNE LIGNE DROITE, une HORIZONTALE pour UNE LIGNE HORIZONTALE, etc.

Si, par le même procédé, on coupait les lignes OA, OB, chacune en deux parties égales, la ligne entière AB se trouverait coupée en quatre parties égales; et si chacune de ces nouvelles parties était coupée en deux parties égales, la ligne entière AB serait divisée en huit parties égales.

Voir le 5e théorème sur les perpendiculaires, page 149.

PROBLÈME V.

Diviser une ligne droite en trois parties égales, ou en cinq parties égales, etc.

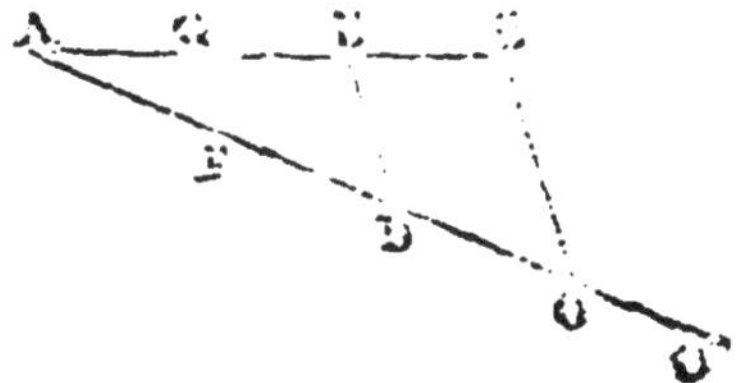

Soit AB à diviser en trois parties égales.

Tracez la ligne indéfinie AC qui forme avec AB un angle quelconque; — prenez sur AC trois parties égales entre elles, à partir de A; — joignez, par une droite, O extrémité de la troisième partie avec B, extrémité de AB; — puis tirez DE, FG, parallèles à OB; ces lignes iront diviser AB en trois parties égales[1].

Pour diviser AB en cinq ou en sept parties égales, il suffirait de prendre sur AC cinq ou sept parties égales; le reste comme ci-dessus.

Remarque. On pourrait employer le même moyen pour

---

[1] Voir, pour le tracé des parallèles, le problème I, page 50. Quant au présent problème, nous avons cru devoir le placer ici, attendu qu'il est relatif, comme le précédent, à la division des lignes en parties égales.

diviser AB en deux parties égales, ou en quatre, ou en huit, etc.; mais, pour ces divisions, le procédé enseigné au problème IV, page 45, est plus simple et doit être préféré.

Voir les théorèmes sur les lignes proportionnelles, page 171.

PROBLÈME VI.

Trouver les trois quarts d'une ligne droite, ou les deux tiers, etc.

Divisez la ligne donnée en quatre parties égales et prenez-en les trois premières parties; vous aurez les trois quarts de la ligne.

Pour en avoir les deux tiers, divisez la ligne en trois parties égales, et prenez-en les deux premières parties; vous aurez les deux tiers.

Voir le 4e et le 5e problème sur la division des lignes, page 45 et page 46.

PERPENDICULAIRES.

PROBLÈME I.

Abaisser une perpendiculaire au milieu d'une droite.

Opérez comme pour diviser une droite en deux parties égales; la ligne qui divise en deux la droite donnée est la perpendiculaire demandée.

Voir le 4e problème sur la division des lignes, page 45.

PROBLÈME II.

Abaisser une perpendiculaire à l'extrémité d'une droite.

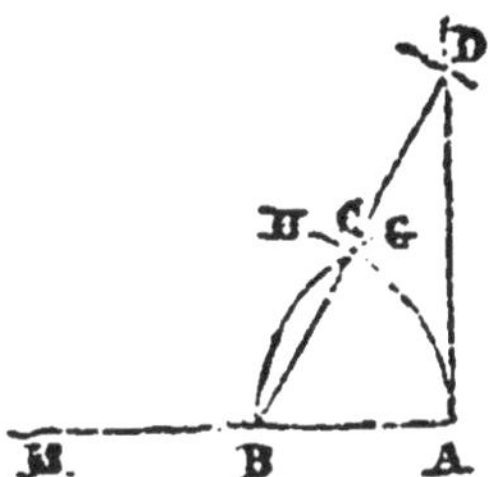

Soit donnée la droite MA.

Du point A, extrémité de cette droite, et avec un rayon arbitraire, tracez l'arc BG ; — du point B, et avec le même rayon, tracez l'arc AH; — du point de section C, et avec le même rayon, décrivez l'arc D; — par les points de section B et C, menez une droite ; elle rencontrera l'arc D en un point; — joignez ce point avec A par une droite, ce sera la perpendiculaire demandée.

Voir le théorème sur l'angle inscrit, page 168.

Remarque. On peut aussi résoudre ce problème et les deux suivants en se servant seulement d'une règle et d'une équerre, et c'est ce que l'on fait dans la pratique. Pour le problème ci-dessus, on place une règle sur la ligne MA ; puis un côté de l'angle droit de l'équerre sur la règle, de telle sorte que le sommet de cet angle tombe au point A ; l'autre côté de l'angle droit de l'équerre indique la direction demandée.

PROBLÈME III.

D'un point donné sur une droite, élever une perpendiculaire à cette droite.

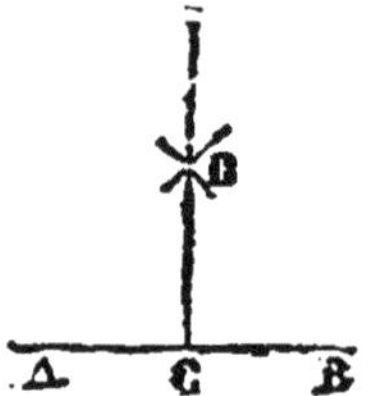

Du point C donné sur la droite AB, prenez deux longueurs égales, CB, CA, l'une à droite, l'autre à gauche ; — des points A et B, avec un rayon plus grand que AC, décrivez deux arcs qui se coupent ; — par le point de section D, et par le point donné C, tracez une droite : ce sera la perpendiculaire demandée.

Voir le 5e théorème sur les perpendiculaires, 4e partie, page 149.

PROBLÈME IV.

D'un point donné hors d'une droite, abaisser une perpendiculaire sur cette droite.

Du point donné D, et avec un rayon plus grand que la distance de ce point à la ligne, tracez deux arcs A et B qui coupent la ligne donnée ; — puis, de ces deux points de section, tracez deux autres arcs qui se croisent au point E ; — la droite passant par DE sera la perpendiculaire demandée.

Remarque. Le point E pourrait également être pris au-dessus de AB. — Voir le 4e problème, 2e figure, page 45.

Voir le 5e théorème sur les perpendiculaires, 4e partie, page 149.

PARALLÈLES.

Problème I.

Tracer des lignes parallèles,
1° à l'aide de la règle et de l'équerre;
2° à l'aide de la règle et du compas.

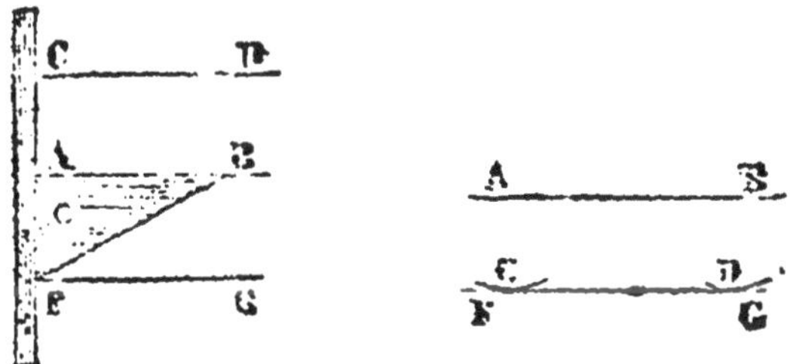

1° Placez votre règle sur le tableau et maintenez-la de la main gauche; — placez l'équerre de manière qu'un côté de son angle droit s'applique le long de la règle; — faites glisser votre équerre avec la main droite le long de la règle, pendant que vous maintiendrez toujours cette dernière.

Toutes les droites CD, AB, FG, que vous tracerez en suivant la partie supérieure de votre équerre, seront parallèles[1].

---

[1] *Vérification de l'équerre.* Pour s'assurer que l'équerre donne exactement l'angle droit, il faut que l'instrument tournant autour de la ligne AB, fasse l'angle CAB égal à l'angle BAF, car les angles droits sont égaux entre eux.

2° Si l'on emploie la règle et le compas, il faut, après avoir tracé une droite AB, et avec un rayon arbitraire, en prenant des centres sur la ligne donnée, tracer deux arcs C et D.

La droite FG tangente aux deux arcs est la parallèle demandée.

Voir 1° le 3e théorème sur les parallèles, 4e partie, page 151; 2° les définitions, page 9, n° 18.

PROBLÈME. II.

Par un point donné hors d'une droite mener une parallèle à cette droite.

Par le point donné C hors de la ligne AB, menez une perpendiculaire CD sur AB, puis tracez CG perpendiculaire à CD; CG sera la parallèle demandée.

Voir le 3e théorème sur les parallèles, 4e partie, page 151.

Autre procédé. Après avoir tracé la première perpendiculaire CD, élevez-en une autre GH, en un point quelconque de AB; — prenez la longueur GH, égale à CD, et faites passer une droite par CG; ce sera la parallèle demandée.

Voir les définitions, page 9, n° 18, et le 3e théorème sur les perpendiculaires, 4e partie page 151.

ANGLES.

PROBLÈME I.

Doubler un angle. — Tripler un angle.

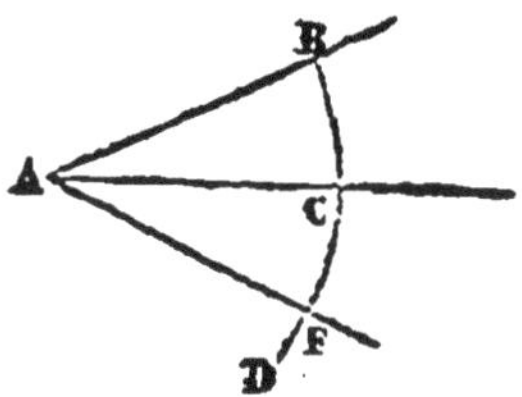

Soit donné l'angle BAC.

Du sommet A, avec un rayon arbitraire, tracez un arc indéfini BD : — prenez la grandeur de l'arc BC renfermé entre les deux côtés de l'angle ; — portez cette grandeur sur le prolongement de l'arc, à partir du point C. — Une pointe du compas tombera en F ; menez AF, — l'angle sera doublé.

On voit comment il pourrait être triplé.

Voir les définitions, page 9, nº 19 *bis*.

PROBLÈME II.

Diviser un angle en deux parties égales, puis en quatre parties, en huit parties égales.

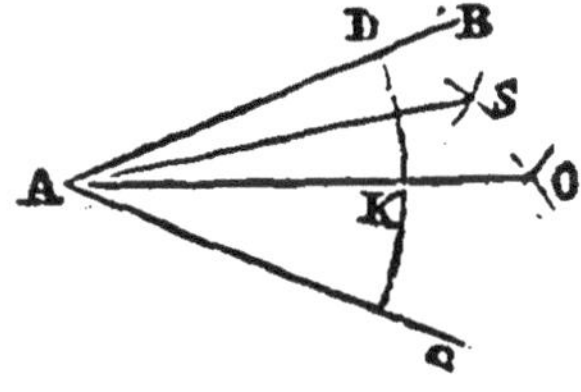

Soit donné l'angle BAC.

Du point A, et avec un rayon arbitraire, tracez l'arc

DE ; — des points D et E, comme centres, et avce un rayon arbitraire, tracez deux arcs qui se croisent ; — par le point de section O et le sommet A tirez une droite ; elle divisera l'arc DE et l'angle donné en deux parties égales.

Pour le diviser en quatre parties égales, il faudra couper chacun des deux angles BAO et OAC en deux parties égales ; et, pour cela, des points D et K on tracera deux arcs qui se couperont en S, et l'on tirera SA. — On opérera de même sur l'angle OAC.

Remarque. On voit, par ce qui précède, que pour diviser un arc en deux parties égales on emploie le même moyen que pour diviser une droite.

Voir les définitions, page 9, nº 19 *bis*.

PROBLÈME III.

Diviser un angle droit en trois parties égales.

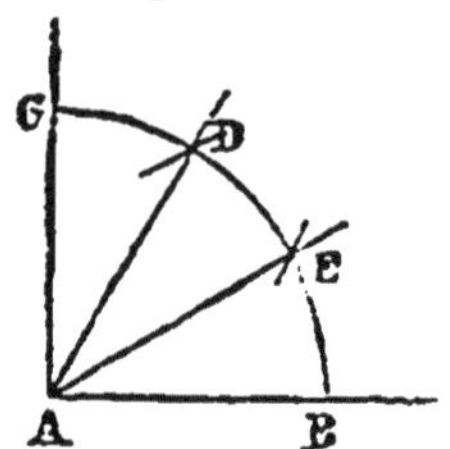

Du sommet A de l'angle droit, tracez, avec un rayon arbitraire, l'arc CB ; — du point B, avec le même rayon, tracez le petit arc D, et du point C le petit arc E ; — menez AD et AE.

L'angle droit sera divisé en trois parties égales.

Démonstration. L'arc CB a 90 degrés, comme mesure d'un angle droit ; l'arc BD en a 60, comme arc sous-tendu par un rayon ; — donc CD a 30 degrés, c'est-à-dire la différence de 60 à 90.

On prouverait de même que EB a 30 degrés ; — DE en a donc 30 également.

L'angle droit est donc divisé en trois parties égales.

Voir les définitions, page 11, n° 22, et le 8e théorème sur le cercle, 4e partie, page 169.

Remarque. On peut employer le rapporteur pour faire les divisions d'angles qui ne peuvent s'exécuter au moyen du compas. — Voir le problème suivant.

Problème IV.

Diviser un angle en cinq parties égales.

Cherchez avec le rapporteur le nombre de degrés que présente cet angle ; — divisez par un calcul arithmétique le nombre de ces degrés en cinq parties égales; et, au moyen de lignes partant du sommet, tracez dans cet angle cinq petits angles ayant chacun le nombre de degrés que le quotient de la division vous aura indiqué : le problème sera résolu.

Problème V.

Tracer un angle égal à un angle donné.

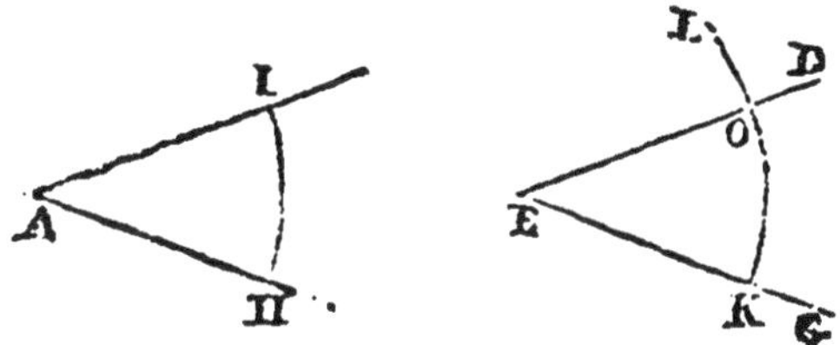

Soit A l'angle donné.

Tracez une ligne indéfinie EG ; — du point A, et avec un rayon arbitraire, tracez l'arc HI ; — avec le même rayon, et du point E, tracez l'arc indéfini KL ; prenez la grandeur de l'arc HI ; — portez-la sur KI à partir du point K; — une pointe de compas tombera en O; menez EOD.

Cette ligne formera avec EG un angle égal à l'angle donné.

Voir les définitions, page 9, n° 19 *bis*.

TRIANGLES.

PROBLÈME I.

Tracer un triangle rectangle.

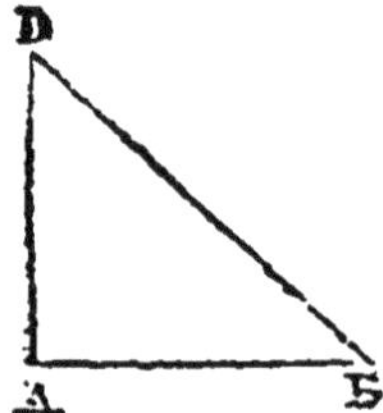

Tirez une droite AB.

A une extrémité A de cette ligne élevez la perpendiculaire AD, et tracez DB; — vous aurez un triangle rectangle BAD.

Voir les définitions, page 16, n° 55.

PROBLÈME II.

Construire un triangle isocèle.

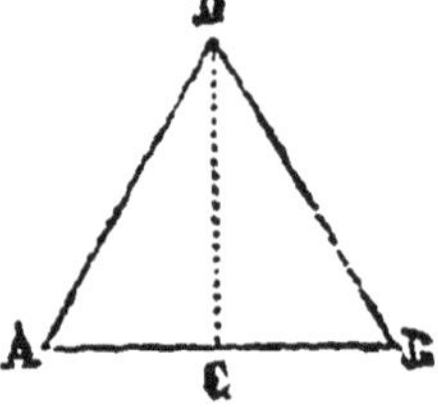

Sur le milieu d'un droite AB, élevez une perpendiculaire CD, et tracez les deux obliques DA, DB; vous aurez un triangle isocèle ADB.

Voir les définitions, page 17, n° 60, et le troisième théorème (2°) sur les perpendiculaires, 4e partie, page 148.

PROBLÈME III.

Tracer un triangle équilatéral.

Tracez une droite AB.

Prenez au compas la grandeur de cette ligne; — avec cette grandeur comme rayon, et des points A et B, tracez deux arcs qui se coupent; — leur point de section C est le sommet du triangle équilatéral.

Démonstration. On voit, d'après cette construction, que les côtés AC, CB et BA, sont égaux entre eux; le triangle est donc équilatéral.

Voir les définitions, page 17, n° 59

PROBLÈME IV.

Construire un triangle, les trois côtés étant donnés.

Soient les trois côtés A, B, C.

Prenons pour base le côté C.

De l'une de ses extrémités D, et avec un rayon égal à B, traçons un arc au-dessus de C; — de l'autre extrémité G, et avec un rayon égal à A, traçons au-dessus de C un autre arc qui coupe le premier; — le point de section O est le sommet du triangle cherché. — Il ne reste plus qu'à tracer les deux côtés DO, GO.

Remarques. On voit d'ailleurs, par cette construction, que les trois côtés du triangle sont égaux aux trois côtés proposés.

Mais, pour que cette construction soit possible, il faut qu'un point de section O soit obtenu, pour former le sommet du triangle; or, cela exige qu'un des côtés donnés soit plus petit que la somme des deux autres, et plus grand que leur différence.

Voir le 1er théorème sur les triangles, 4e partie, page 154.

Problème V.

Deux angles d'un triangle étant donnés, trouver le troisième,

1° représenté par des lignes;

2° représenté par un nombre de degrés.

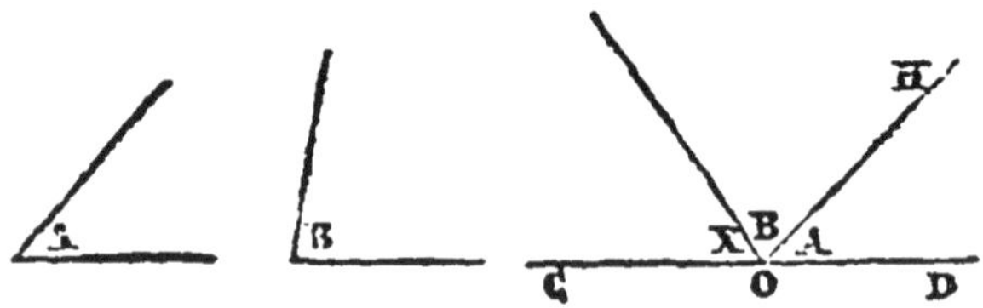

Soient donnés les angles A et B.

1° Menez une droite indéfinie CD; — sur CD tracez l'angle A, de sorte qu'un de ses côtés se confonde avec une partie de CD; le sommet tombera en un point O et l'autre côté prendra la direction de OH.

A côté de l'angle HOD tracez l'angle B, son sommet au point O. et un de ses côtés tombant sur le côté OH de langle A;

L'angle restant X est l'angle cherché.

2° Si l'ouverture des angles donnés est exprimée par des nombres de degrés, on en retranche la somme de 180 degrés, nombre total des degrés des trois angles d'un triangle; la différence est la mesure de l'angle cherché.

Exemple : si l'un des angles donnés a 48 degrés, si l'autre en a 85, leur somme 133 étant retranchée de 180, on a pour reste 47 : c'est le nombre de degrés compris dans l'angle cherché.

Voir le théorème sur la somme des trois angles d'un triangle, 4e partie, page 144.

QUADRILATÈRES.

Problème I.

Construire un parallélogramme.

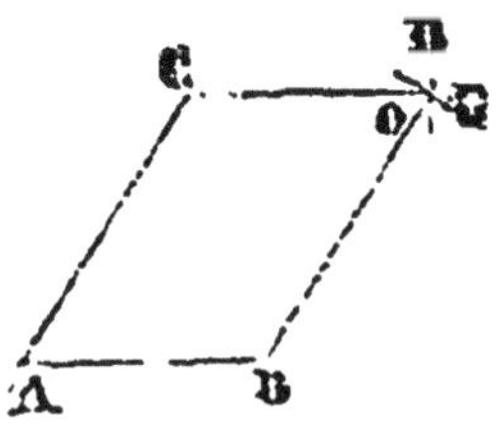

Tracez une ligne AB.

Du point A menez une autre ligne AC qui fasse avec AB un angle aigu; — du point C, et avec un rayon égal à AB, tracez un arc D à droite du point C.

Du point B, et avec un rayon égal à AC, tracez un arc

G qui coupe le premier; au point de section O, menez OC, OB : vous aurez le parallélogramme ABOC.

Démonstration. D'après la construction qui vient d'être faite, AB et CO sont égaux entre eux, et il en est de même de AC et de BO.

Or, ces côtés égaux entre eux sont aussi parallèles entre eux et forment ainsi un parallélogramme.

Voir le 1er théorème sur les quadrilatères, 4e partie, page 160.

PROBLÈME II.

Construire un rectangle

Tracez une ligne AB.

Au point A, élevez une perpendiculaire AC, plus grande ou plus petite que AB.

Du point C, et avec un rayon égal à AB, tracez un arc D à droite du point C.

Du point B, avec un rayon égal à AC, tracez un autre arc G qui coupe le premier; — au point de section O, menez CO, BO : vous aurez un rectangle ABOC.

Démonstration. D'après la construction qui vient d'être faite, AB et CO sont égaux entre eux, et il en est de même de AC et de BO; — de plus, AC étant perpendiculaire sur AB, BO, qui lui est parallèle, est aussi perpendiculaire sur AB.

Mais les longueurs perpendiculaires AC, BO, étant égales entre elles, CO est parallèle à AB, et les quatre angles son droits.

ABOC est donc un rectangle.

PROBLÈME III.

Construire un carré.

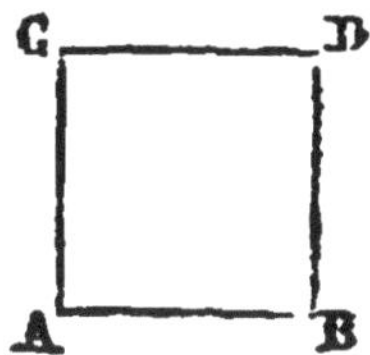

Même construction que dans le problème précédent pour le rectangle; seulement, il faut faire ici AC et BD égaux chacun à AB.

PROBLÈME IV.

Tracer un carré, la diagonale étant donnée.

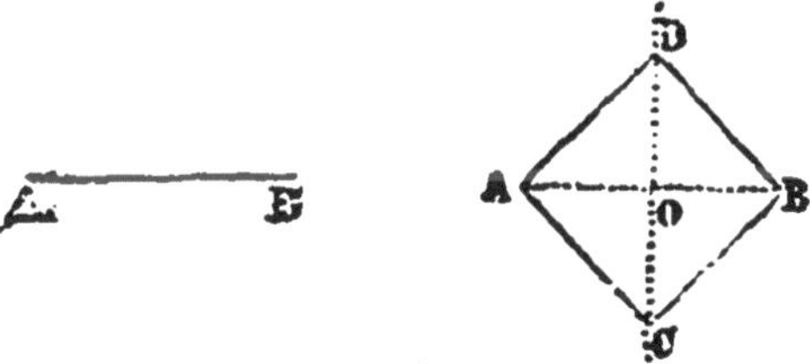

Soit AB, la diagonale donnée.

Élevez au milieu une perpendiculaire indéfinie, soit O ce milieu; prenez sur la perpendiculaire les parties OD et OC, égales chacune à la moitié de AB; — tracez les droites DA, DB, AC, BC : vous aurez le carré demandé.

Démonstration. Les diagonales du carré sont, en effet, égales chacune à la ligne donnée AB; — les quatre côtés AD, BD, BC, CA, sont égaux entre eux. (Voir le 3e théorème (2°) sur les perpendiculaires, 4e partie, page 148.)

Et, par conséquent, ils sont parallèles deux à deux. (Voir le 1er théorème sur les quadrilatères, 4e partie, page 160.)

Enfin, les quatre angles A, D, B, C sont droits. (Voir le théorème sur les angles d'un triangle isocèle, 4e partie, page 156.)

PROBLÈME V.

Tracer un losange, les deux diagonales étant données.

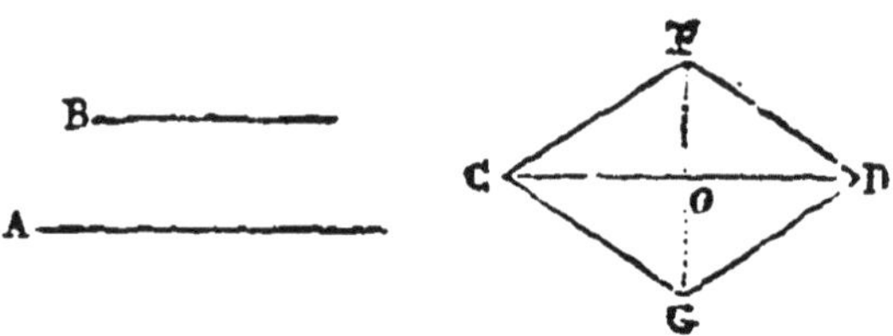

Soient les deux diagonales A et B.

Sur le milieu O d'une ligne CD égale à A, élevez une perpendiculaire indéfinie; — divisez B en deux parties égales: — portez une de ces parties OF sur la perpendiculaire au-dessus de CD, et l'autre OG au-dessous; — tirez les lignes FC, FD, CG, DG : vous aurez le losange demandé.

Démonstration. Les deux diagonales du losange CD, FG, sont égales, en effet, aux diagonales proposées; — les quatre côtés CF, FD, DG, GC, sont égaux entre eux (voir le 3e théorème (2°), sur les perpendiculaires, 4e partie, page 148) et la figure ne présente pas d'angles droits.

PROBLÈME VI.

Tracer un trapèze symétrique.

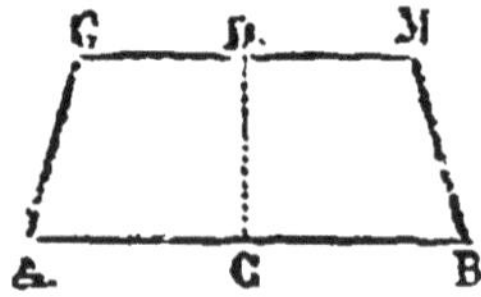

Sur le milieu d'une droite AB élevez une perpendiculaire CD; puis, au point D, extrémité supérieure de cette perpendiculaire, tracez une ligne GDM parallèle à AB, et telle, que les deux parties DG, DM, soient égales entre elles, sans être égales à AC et CB; — menez les obliques GA, MB : vous aurez un trapèze symétrique.

Voir les définitions, page 19, n° 74, et le 3e théorème (2°), sur les perpendiculaires, 4e partie, page 148.

CERCLE.

Problème I.

Tracer un arc qui passe par deux points donnés.

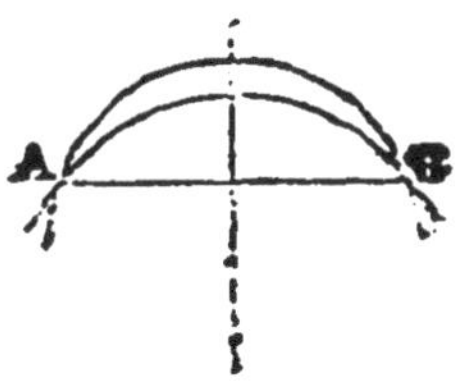

Soient donnés les points A et B.

Joignez-les par une droite, et élevez une perpendiculaire au milieu de cette droite.

Tout point de cette perpendiculaire est le centre d'un arc passant par A et par B.

Voir le 4e théorème sur les perpendiculaires, 4e partie, page 148.

Problème II.

Tracer une circonférence qui passe par trois points donnés non en ligne droite.

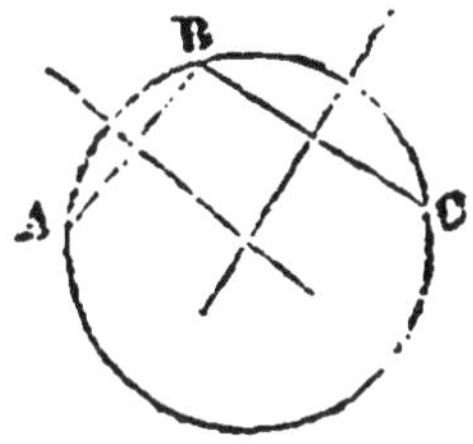

Soient donnés les trois points A, B, C.

Joignez A et B par une droite, et élevez au milieu une perpendiculaire indéfinie; — joignez B et C par une autre droite, et élevez aussi une perpendiculaire au milieu.

Le point de rencontre de ces deux perpendiculaires est le centre du cercle cherché.

Voir le 7e théorème sur le cercle, 4e partie, page 168.

PROBLÈME III.

Trouver le centre d'un arc ou d'un cercle donné.

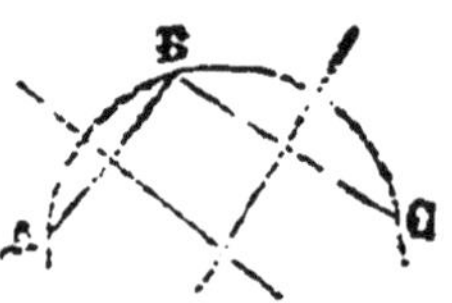

Prenez sur l'arc donné trois points à volonté A, B, C, (et ce serait de même pour une circonférence). Divisez l'arc AB en deux parties égales, — divisez de même l'arc BC.

Les lignes qui divisent ces deux arcs, et qui divisent de même leurs cordes, étant prolongées, passent l'une et l'autre par le centre cherché; — le point de section formé par leur rencontre est donc le centre de l'arc donné.

Voir le 5e et le 7e théorème sur le cercle, 4e partie, pages 165 et 168.

PROBLÈME IV.

Tracer une tangente en un point donné sur une circonférence.

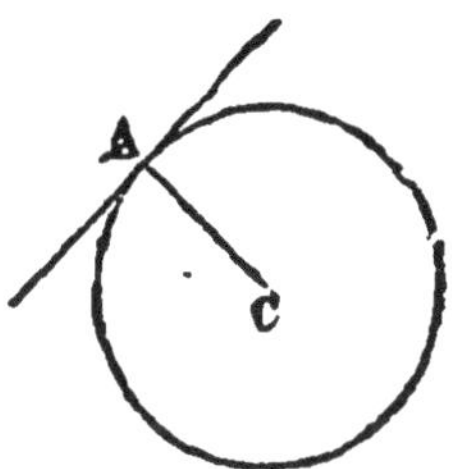

Soit A le point donné.

Menez le rayon CA, puis une perpendiculaire à l'extrémité de ce rayon ; ce sera la tangente demandée.

Voir le 4e théorème sur le cercle, 4e partie, page 164.

POLYGONES RÉGULIERS.

PROBLÈME I.

Tracer un hexagone régulier.

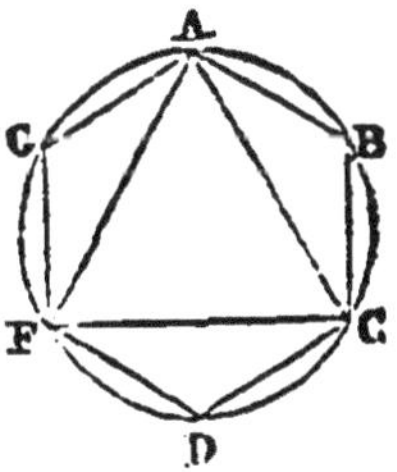

Tracez une circonférence. — Le rayon qui vous aura servi à la tracer y étant porté en forme de corde y sera contenu six fois, et vous aurez l'hexagone régulier.

Si vous divisez chacun des six arcs égaux en deux parties égales, et si vous tracez des cordes sous les nouveaux arcs, vous aurez le dodécagone régulier.

Le polygone régulier de vingt-quatre côtés s'obtiendrait en divisant encore les arcs en deux parties égales.

Pour avoir le triangle équilatéral inscrit, il suffit, après avoir marqué les six points, A, B, C, etc., sur la circonférence, de les joindre de deux en deux par des cordes AC, CF, FA.

Voir le 8e théorème sur le cercle, 4e partie, page 169.

PROBLÈME II.

Tracer un octogone régulier.

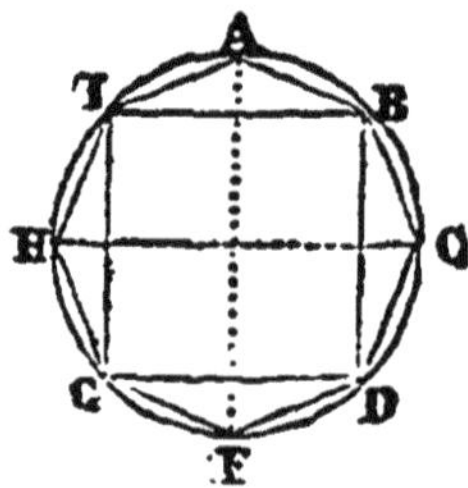

Tracez une circonférence, puis deux diamètres perpendiculaires; — la circonférence sera divisée en quatre parties égales; — divisez chaque quart en deux parties égales, vous aurez en tout huit parties égales, c'est-à-dire huit arcs égaux; sous chaque arc, tracez une corde: les huit cordes formeront l'octogone régulier demandé.

Si vous divisez chacun des huit arcs égaux en deux parties égales, et si vous tracez des cordes sous les nouveaux arcs, vous aurez le polygone régulier de seize côtés.

Le polygone régulier de trente-deux côtés s'obtiendrait en divisant encore les arcs en deux parties égales.

Pour avoir le carré inscrit, il suffit, après avoir marqué les huit points A, B, C, D, etc., sur la circonférence, de les joindre, de deux en deux, par des cordes IB, BD DG, GI.

Voir le 3e théorème sur le cercle, 4e partie, page 163.

Problème III.

Tracer un décagone régulier et un pentagone régulier.

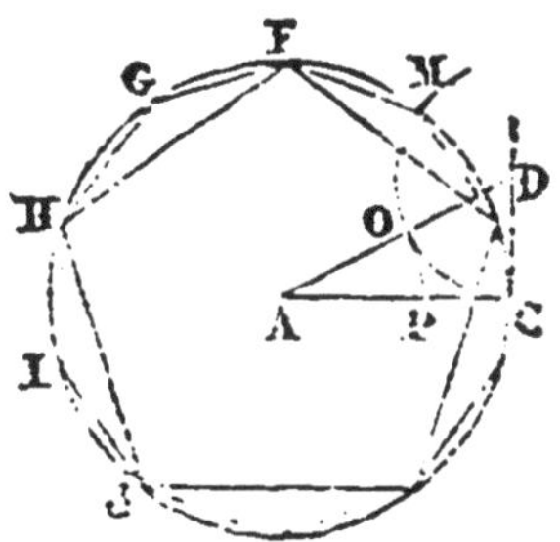

Tracez une circonférence, puis un rayon AC; — divisez ce rayon en deux parties égales; à l'extrémité C, élevez une perpendiculaire indéfinie; — prenez sur cette perpendiculaire, à partir du point C, une grandeur égale au demi-rayon; — du point D, extrémité de ce demi-rayon, et avec une ouverture de compas DC, tracez l'arc COM.

Du point A, comme centre, et avec une grandeur AO, tracez l'arc OP; il viendra diviser le rayon en deux parties inégales; — la plus grande partie AP sera le côté du décagone; — il ne restera plus qu'à le porter, comme une corde, dix fois de suite sur la circonférence.

Pour avoir le pentagone régulier, il suffira, après avoir marqué les dix points F, G, H, I, J, etc., sur la circonférence, de les joindre de deux en deux par des cordes FH, IJ, etc.

PROBLÈME IV.

Tracer un pentédécagone régulier.

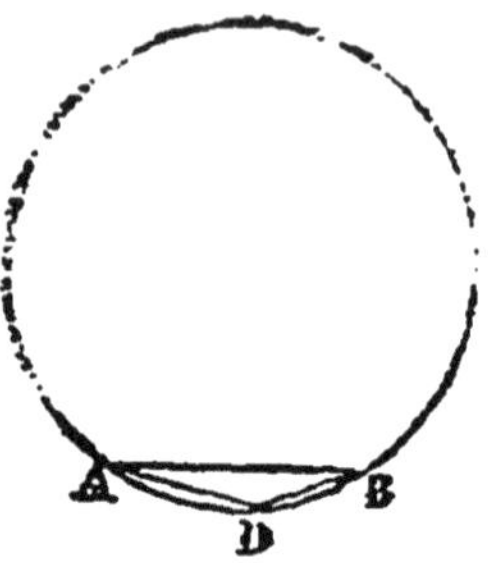

Tracez une circonférence ; — portez sur cette circonférence, en forme de corde AB, une ligne égale au rayon : — divisez un rayon, comme on l'a fait dans le problème précédent pour obtenir le côté du décagone régulier, et portez sur la circonférence, comme une corde, la ligne qui formerait le côté du décagone, à partir du point A ; elle s'étendra jusqu'au point D.

La différence DB entre l'arc ADB et l'arc AD est la quinzième partie de la circonférence ; et la corde DB est le côté du pentédécagone. Il reste à porter quinze fois de suite sur la circonférence cette corde DB.

Démonstration. L'arc BD est la différence qui existe entre 1/6 et 1/10 de la circonférence ; or, cette différence est 1/15.

Remarque. En général, pour inscrire dans un cercle un polygone régulier d'un nombre quelconque de côtés, on peut, dans la pratique, chercher en degrés, par le calcul, la valeur de l'angle au centre, qui comprend l'arc dont la corde est le côté du polygone demandé.

Quand cet arc est obtenu, il est facile de diviser la circonférence en y portant cet arc autant de fois qu'il y est contenu ; il ne reste plus qu'à tracer les cordes pour avoir le polygone régulier demandé. — Voir le problème suivant.

PROBLÈME V.

Tracer un polygone régulier de neuf côtés, c'est-à-dire, un ennéagone régulier.

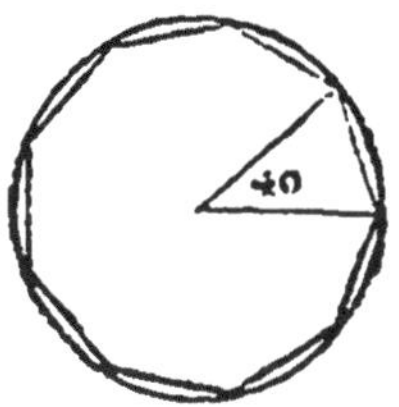

Divisez 360 degrés par 9, vous trouverez au quotient 40; — construisez dans un cercle, au moyen du rapporteur, un angle de 40 degrés, en plaçant au centre le sommet de cet angle; et, avec le compas, portez sur la circonférence cet arc de 40 degrés, qui y est contenu neuf fois; — tracez les neuf cordes, et vous aurez le polygone demandé.

PROBLÈME VI.

Trouver le centre d'un polygone régulier donné.

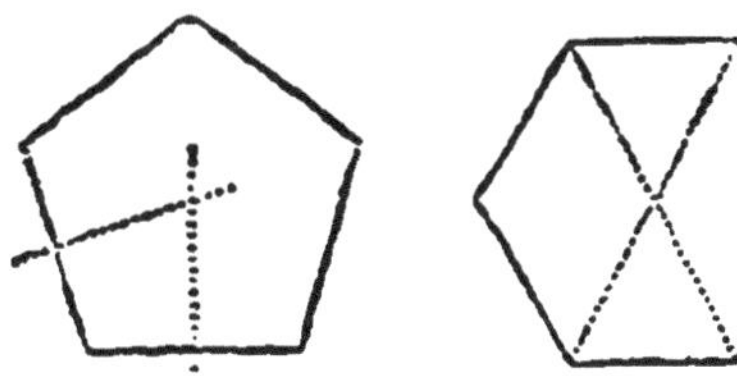

Divisez en deux parties égales, par des perpendiculaires, deux côtés de ce polygone; le point de rencontre de ces perpendiculaires est le centre cherché.

Si le nombre des côtés du polygone est pair, il suffit

de mener dans ce polygone deux diagonales: elles se rencontrent en un point qui est le centre cherché.

Voir le 5e théorème sur le cercle et le 6e théorème sur les parallèles, 4e partie, pages 166 et 152.

CERCLES ET POLYGONES INSCRITS ET CIRCONSCRITS.

PROBLÈME I.

Circonscrire un cercle à un triangle quelconque.

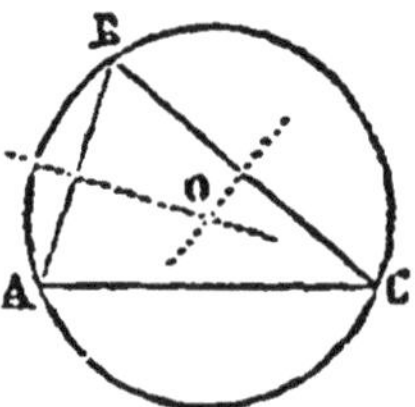

Soit donné le triangle ABC.

Sur le milieu d'un côté AB, élevez une perpendiculaire; — sur le milieu d'un autre côté BC, élevez une autre perpendiculaire; ces deux perpendiculaires se rencontreront en un point O : ce sera le centre du cercle cherché.

Il ne restera plus qu'à mettre une pointe du compas en O, l'autre pointe sur un des sommets du triangle, et à tracer la circonférence.

Voir le 7e théorème sur le cercle, 4e partie, page 168.

PROBLÈME II.

Circonscrire un cercle à un polygone régulier.

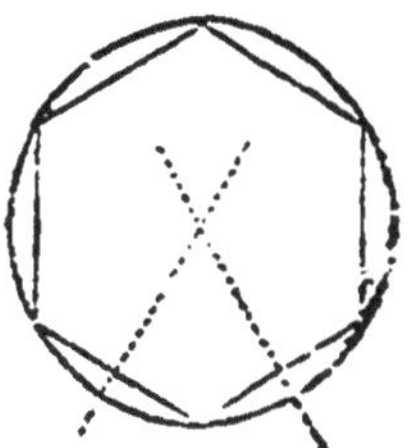

Cherchez le centre de ce polygone régulier; mettez une pointe du compas sur ce centre, et l'autre pointe sur un des sommets du polygone : vous aurez le rayon du cercle demandé. — Il ne restera plus qu'à tracer la circonférence.

Voir le problème 6, page 68.

Si, au contraire, on proposait de circonscrire un polygone régulier à un cercle, il faudrait d'abord inscrire dans le cercle un polygone régulier d'un même nombre de côtés, et mener ensuite par les milieux des arcs des tangentes parallèles aux côtés de ce polygone; ces tangentes formeraient à l'extérieur le polygone circonscrit demandé.

Remarque. On peut toujours circonscrire un cercle à un polygone régulier; mais on ne peut pas toujours le faire quand le polygone est irrégulier.

Problème III.

Inscrire un cercle dans un triangle quelconque.

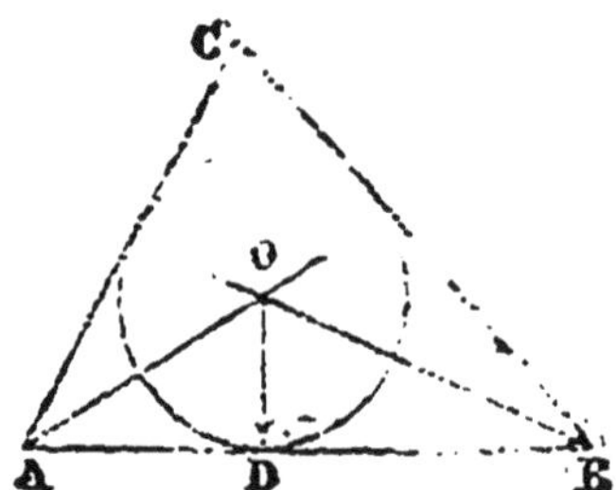

Soit donné le triangle ABC.

Divisez en deux parties égales un des angles du triangle, soit l'angle A; divisez de même un des autres angles, soit l'angle B; les lignes qui diviseront les deux angles se rencontreront en un point O; ce sera le centre du cercle cherché.

Du point O, abaissez une perpendiculaire OD sur un côté; cette perpendiculaire sera le rayon du cercle cherché. Il ne restera plus qu'à tracer la circonférence.

Démonstration. Supposons le cercle inscrit. Les rayons menés aux points de contact sont perpendiculaires sur les tangentes, qui sont les côtés du triangle (voir le 4e théorème sur le cercle, 4e partie); or, ces rayons sont égaux : le centre est donc également éloigné des trois côtés du triangle, et dès lors il doit se trouver aussi sur les lignes qui divisent chacun des trois angles du triangle, car chaque point de la ligne qui divise un angle en deux parties égales est également distant des côtés de cet angle.

PROBLÈME IV.

Inscrire un cercle dans un polygone régulier.

Cherchez le centre de ce polygone; mesurez la distance de ce centre au milieu d'un des côtés du polygone; ce sera le rayon du cercle demandé. Il ne restera plus qu'à tracer la circonférence.

Voir le problème 6, sur les polygones réguliers, page 68.

Remarque. On peut toujours inscrire un cercle dans un polygone régulier; mais on ne peut pas toujours le faire quand le polygone est irrégulier.

CARRÉ.

PROBLÈME I.

Trouver un carré double d'un carré donné.

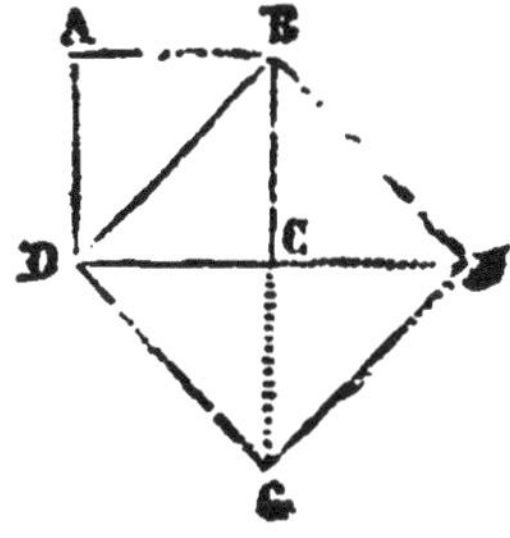

Soit ABCD le carré donné.

Tracez la diagonale BD ; cette diagonale sera le côté du carré cherché ; — il ne restera plus qu'à construire le carré DBFG

Démonstration. Ce dernier carré est formé de quatre triangles égaux entre eux, et le carré donné ne contient, en effet, que deux de ces triangles.

Voir le 2e théorème sur les triangles, page 154, et le 3e sur les parallélogrammes, page 161, 4e partie.

PROBLÈME. II.

Trouver la moitié d'un carré exprimé par un carré.

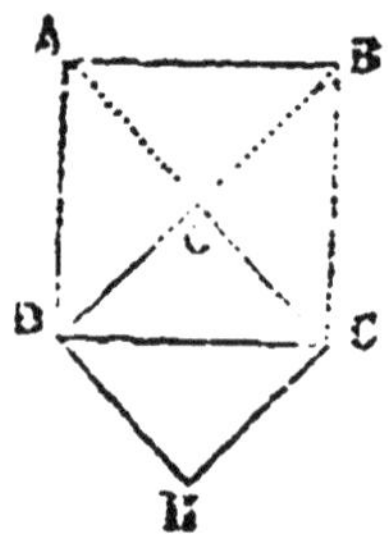

Soit donné le carré ABCD.

Tracez les deux diagonales AC, BD ; elles se couperont réciproquement en deux parties égales ; — une demi-diagonale DO sera le côté du carré cherché ; — il ne restera plus qu'à construire le petit carré DOCH.

Démonstration. Ce dernier carré est formé de deux triangles égaux entre eux, et le carré proposé contient, en effet, quatre de ces triangles.

Voir le 3e théorème sur les parallélogrammes, page 161, et le 3e sur les triangles, page 154, 4e partie.

PROBLÈME III.

Trouver la somme de deux carrés exprimée par un carré.

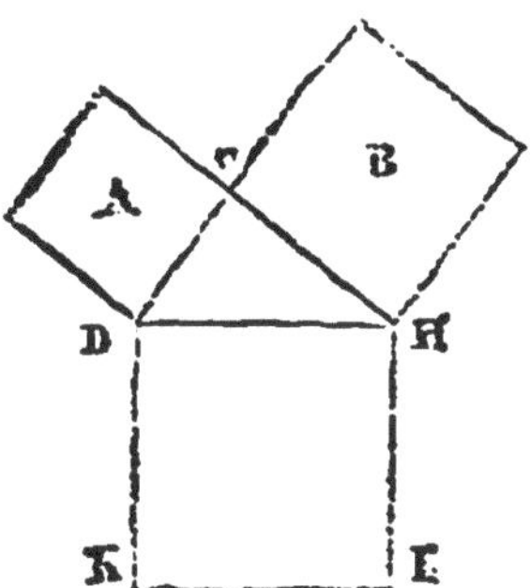

Soient donnés les deux carrés A et B.

Construisez-les sur les côtés d'un angle droit, de manière que les sommets des deux angles de ces carrés se touchent en un point C; — tracez l'hypoténuse DH; ce sera le côté du carré cherché; — il ne restera plus qu'à le construire : c'est la figure DKIH.

Voir le 7e théorème sur les triangles, page 158, 4e partie.

PROBLÈME IV.

Trouver la différence de deux carrés exprimée par un carré.

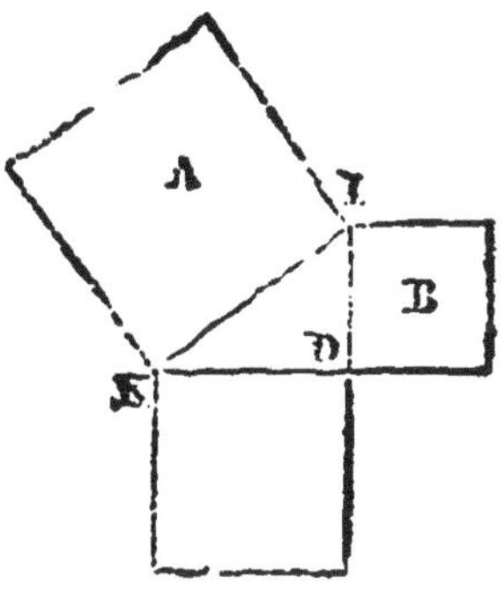

Soient donnés les deux carrés A et B,

Construisez un angle droit D ; — portez sur un côté de cet angle droit, à partir du sommet D, un côté DI du petit carré. — Du sommet I d'un angle du petit carré, portez comme hypoténuse le côté du grand carré donné IK ; le côté de l'angle droit KD est le côté du carré cherché ; il ne reste plus qu'à construire ce dernier carré.

Voir le 7e théorème sur les triangles, page 158, 4e partie.

FIGURES ÉGALES.

Problème I

Construire un triangle égal à un triangle donné.

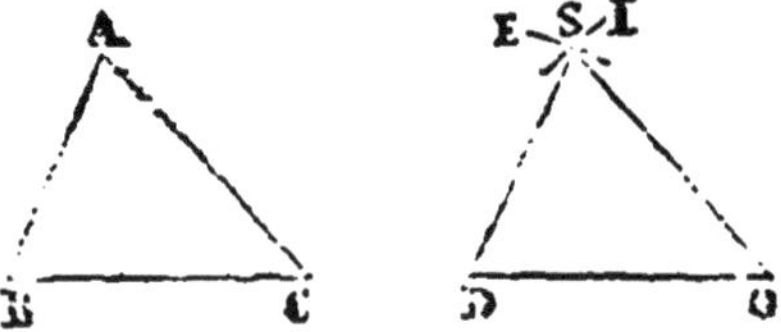

Soit donné le triangle ABC.

Tracez une ligne droite DO égale à BC ; — avec un rayon égal à BA, décrivez, à partir du point D, l'arc E ; — et, avec un rayon égal à CA, décrivez, à partir du point O, l'arc I ; le point de section S de ces deux arcs est le sommet du triangle demandé ; il ne reste plus qu'à tracer les deux côtés DS, OS.

Voir le 2e théorème sur les triangles, page 154, 4e partie.

PROBLÈME II

Construire un polygone égal à un polygone irrégulier donné.

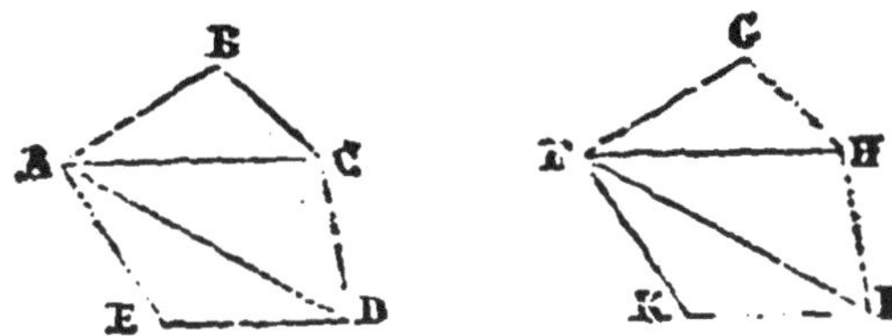

Soit donné le polygone ABCDE.

Divisez-le en triangles par des diagonales, et faites, à côté, une suite de triangles égaux à ceux que renferme le polygone donné et semblablement disposés : vous aurez le polygone FGHIK égal au polygone donné.

Remarque. Les quadrilatères faisant partie des polygones, on pourra, d'après ce qui précède, construire un quadrilatère égal à un quadrilatère quelconque donné.

Voir le problème précédent.

PROBLÈME III.

Construire un polygone égal à un polygone régulier donné.

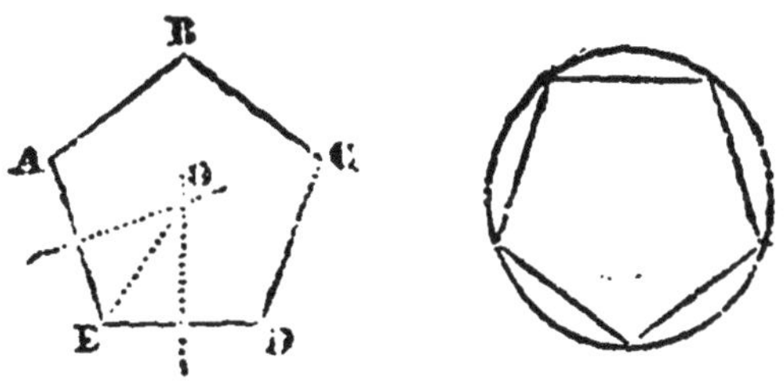

Soit donné le polygone régulier ABCDE.

Cherchez-en le centre O; — mesurez la distance de ce centre à un des sommets E : ce sera le rayon du cercle circonscrit. — Tracez, à côté, une circonférence qui ait cette ligne pour rayon, et portez-y, comme des cordes, des lignes égales aux côtés du polygone donné : — vous aurez le polygone demandé.

Démonstration. Les deux circonférences ayant même rayon pourraient, en effet, s'appliquer l'une sur l'autre et se confondre, et les côtés d'un polygone étant égaux à ceux de l'autre se confondraient aussi.

TRIANGLES SEMBLABLES.

PROBLÈME I.

Construire un triangle semblable à un triangle donné.

Soit donné le triangle ABC.

Tracez une ligne droite DE non égale à AC; — à l'extrémité D, tracez un angle égal à l'angle A; — à l'extrémité E, tracez un angle égal à l'angle C : vous aurez le triangle DGE semblable à ABC.

Voir le 2e théorème sur les triangles semblables, page 173, 4e partie.

Problème II.

Construire un polygone semblable à un polygone irrégulier donné.

Soit donné le polygone ABCDE.

Divisez-le en triangles par des diagonales, et faites, a côté, une suite de triangles semblables à ceux que renferme le polygone donné et semblablement disposés : vous aurez le polygone FGHIK semblable au polygone donné.

Remarques. 1. Les quadrilatères faisant partie des polygones, on pourra, d'après ce qui précède, construire un quadrilatère semblable à un quadrilatère quelconque donné.

2. Si le polygone donné était régulier, il suffirait, pour en avoir un semblable, d'en construire un autre également régulier, et d'un même nombre de côtés.

Voir le problème précédent.

FIGURES ÉQUIVALENTES.

PROBLÈME I

Convertir un quadrilatère quelconque en un triangle équivalent.

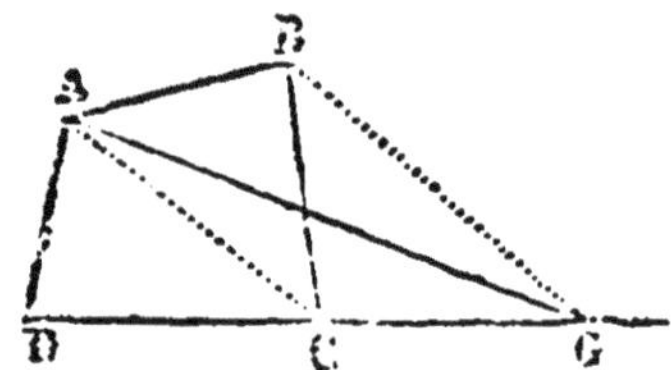

Soit donné le quadrilatère ABCD.

Prolongez indéfiniment un côté, soit DC; — menez la diagonale AC, et sa parallèle BG; puis, tracez la ligne oblique AG : vous aurez le triangle DAG équivalent au quadrilatère DABC.

Démonstration. Les triangles ABC et ACG, ayant même base et même hauteur, sont équivalents; on peut donc substituer le second au premier; et, si on l'ajoute au triangle ADC, qui fait partie du quadrilatère donné, on obtient, en effet, le grand triangle DAG.

Voir le 2e théorème sur les parallélogrammes (corollaire), page 161, 4e partie.

PROBLÈME II.

Convertir un polygone quelconque en un triangle équivalent.

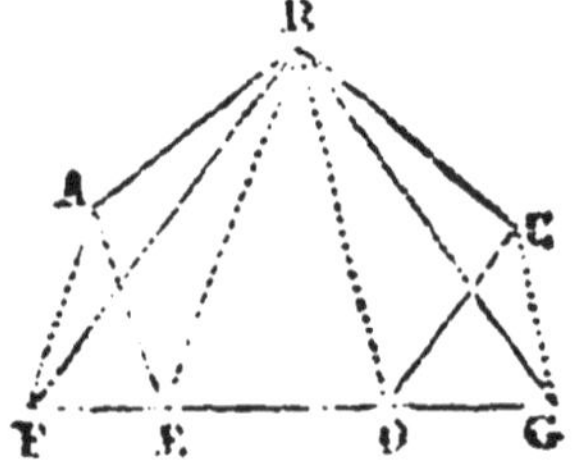

Soit donné le polygone ABCDE.

Menez les deux diagonales BE, BD; puis AF, parallèle à BE, et CG, parallèle à BD, enfin les deux obliques BF et BG : vous aurez le triangle FBG équivalent au polygone ABCDE.

Démonstration. On peut substituer le triangle BDG au triangle BDC, et le triangle BEF au triangle BEA, et l'on obtient alors, en effet, le grand triangle FBG.

Voir le problème précédent.

PROBLÈME III.

Convertir un parallélogramme en un rectangle équivalent.

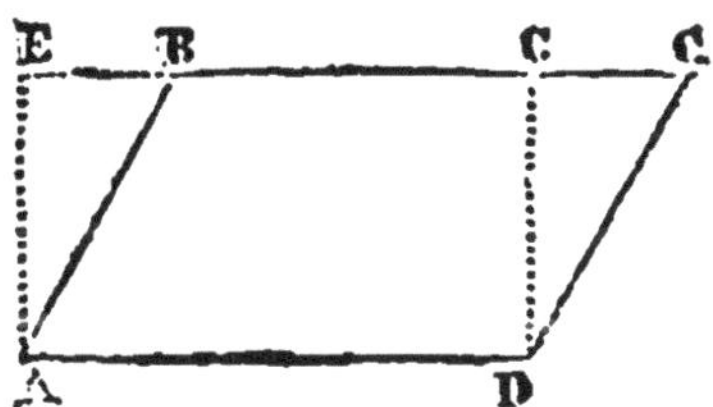

Soit donné le parallélogramme ABCD.

Au point A, élevez la perpendiculaire AE, et prolongez CB jusqu'à cette perpendiculaire; — tracez DG parallèle à AE, vous aurez le rectangle AEGD équivalent au parallélogramme ABCD.

Démonstration. Les triangle AEB, DGC sont égaux, et si l'on supprime le triangle DGC pour le remplacer, de l'autre côté de la figure, par le triangle AEB, on obtient, en effet, le rectangle AEGD.

Voir le 4e théorème sur les triangles, page 155, 4e partie.

Problème IV.

Convertir un parallélogramme en un carré équivalent.

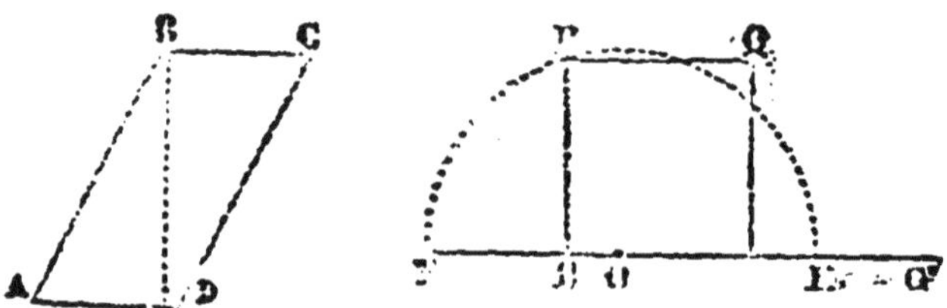

Soit donné le parallélogramme ABCD.

Tracez une ligne indéfinie FG; — à partir du point F, prenez FH, égale à la base du parallélogramme donné; — à partir du point H, prenez HI, égale à la hauteur de ce parallélogramme; — cherchez le milieu de FI, soit O ce milieu; — de ce point O, et avec un rayon égal à OF, tracez la demi-circonférence FPI; — au point H, élevez la perpendiculaire HP. Cette perpendiculaire, moyenne proportionnelle entre la base et la hauteur du parallélogramme, est le côté du carré cherché. Il ne reste plus qu'à construire ce carré.

Voir le 7e théorème sur les triangles semblables, page 176, 4e partie, et les deux théorèmes sur l'évaluation du parallélogramme et du carré, pages 90 et 91, 3e partie.

PROBLÈME V.

Convertir un triangle en un carré équivalent.

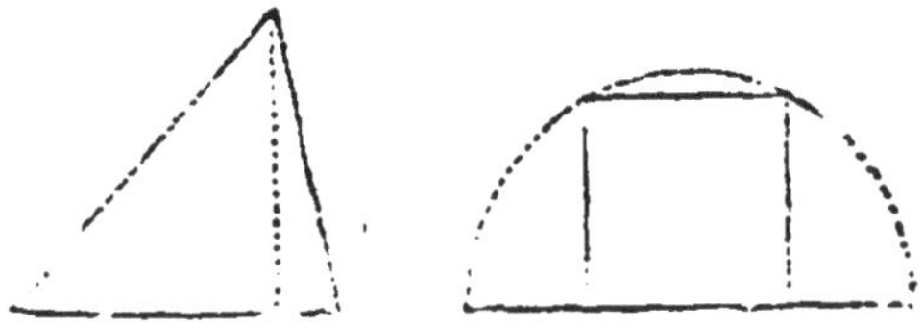

Cherchez une moyenne proportionnelle entre la base et la demi-hauteur du triangle, par le procédé enseigné dans le problème précédent ; cette ligne sera le côté du carré cherché. Il ne restera plus qu'à construire ce carré.

Voir le 7e théorème sur les triangles semblables, page 176, 4e partie, et les deux théorèmes sur l'évaluation du triangle et du carré, 3e partie, pages 90 et 92.

PROBLÈME VI.

Convertir un polygone quelconque en un carré équivalent.

Convertissez ce polygone en un triangle équivalent, puis ce triangle en un carré équivalent ; ce sera le carré demandé.

Remarque. Les quadrilatères faisant partie des polygones, on pourra, d'après ce que nous venons de dire, convertir un quadrilatère donné en un carré équivalent.

Voir les problèmes 1 et 4 sur les figures équivalentes, pages 79 et 81.

Note. Le problème de la quadrature du cercle consiste à faire un carré dont la surface soit équivalente à celle d'un cercle donné ; mais on n'est pas parvenu à résoudre ce problème, parce qu'on ne peut pas trouver une ligne droite dont la longueur soit exactement égale à la circonférence d'un cercle dont on connaît le rayon.

SECTIONS CONIQUES.

Problème I.

Tracer une ellipse dont les deux axes sont donnés.

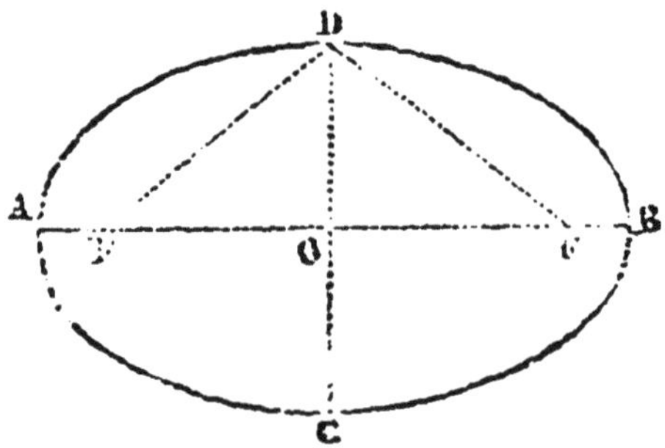

Soient AB et CD les deux axes donnés.

Tracer le petit axe perpendiculaire au milieu du grand; — prenez une ouverture de compas OB, égale à la moitié du grand axe; — portez cette grandeur obliquement sur le grand axe, à droite et à gauche, à partir d'une extrémité du petit axe D : vous aurez les foyers F, F.

A ces deux foyers, fixez les extrémités d'un fil égal au grand axe; — faites glisser un crayon le long du fil tendu, au-dessus et au-dessous du grand axe : la courbe tracée par le crayon est l'ellipse demandée.

Voir les définitions, page 54, nos 160 à 165.

Si l'on fait tourner une ellipse autour d'un de ses axes, on obtient un *ellipsoïde*, et si l'on imagine qu'un tel solide soit creux, et qu'un son soit produit à un de ses foyers, ce son ira frapper les différents points de la voûte, et sera réfléchi seulement à l'autre foyer, où il sera distinctement entendu, pendant qu'il ne le sera pas ou qu'il ne le sera que bien faiblement à tout autre endroit. — Si la voûte est formée d'une surface de cuivre argenté et poli, et si l'on place un feu à l'un des foyers, tous les rayons de chaleur partant de ce foyer seront réfléchis à l'autre foyer, et pourront incendier, là seulement, les objets qu'on y aura placés.

PROBLÈME II.

Tracer une parabole.

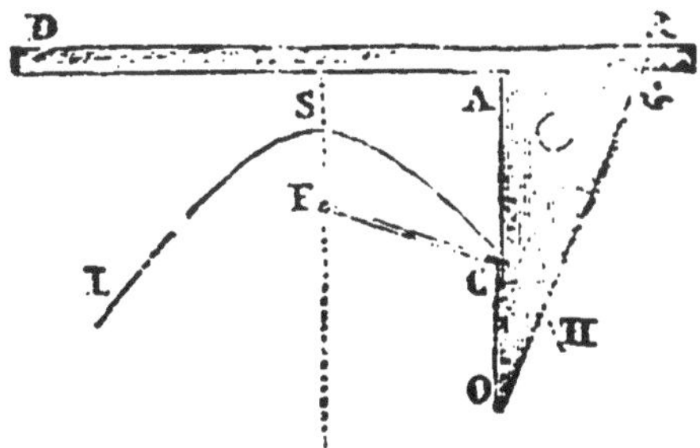

Placez une règle DR sur un tableau, avec une équerre GAO, de sorte qu'un des côté AG de l'équerre s'appuie le long de cette règle; — prenez un fil égal au côté AO de l'équerre; — fixez un bout de ce fil à l'extrémité O, et l'autre bout au foyer F.

Ensuite en partant du sommet S, faites glisser le côté AG de l'équerre le long de la règle directrice DR, en assujettissant le fil, avec un crayon C, à longer le côté AO de l'équerre : la courbe SCH décrite par le crayon C est la moitié d'une parabole.

En renversant l'équerre de l'autre côté du point F, on décrit de la même manière l'autre moitié SL de la même parabole.

Voir les définitions, page 34, n° 166.

Si l'on fait tourner une parabole autour de son axe, on obtient un *paraboloïde*, et si cette figure, dans sa partie concave, présente une surface de cuivre argenté et poli, et que l'on place une lampe à son foyer, les rayons lumineux qui, de là, frapperont la surface, seront réfléchis et, ainsi réunis, ils pourront être aperçus à une distance beaucoup plus grande. Aussi emploie-t-on des réflecteurs paraboloïdes dans les phares, au bord de la mer.

Les rayons lumineux qui, au contraire, viennent de très-loin et parallèlement à l'axe; sont réfléchis au foyer. Alors, comme on l'a vu dans l'ellipsoïde, c'est à ce point surtout que la lumière se produit avec force.

PROBLÈME III.

Tracer une hyperbole.

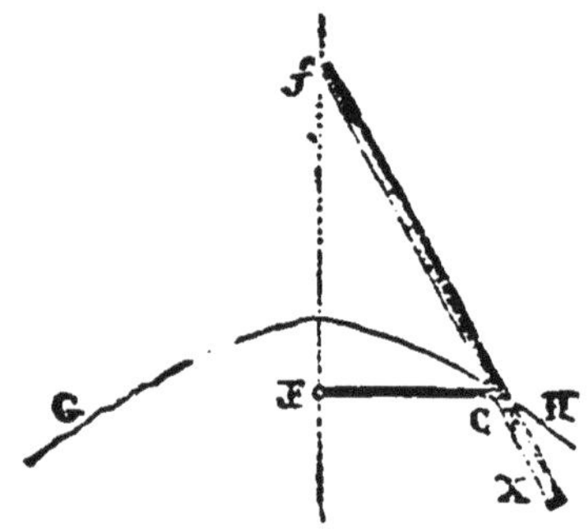

Fixez au foyer *f* une règle qui puisse tourner autour de ce point; — à l'autre foyer F et à un bout X de cette règle, attachez les extrémités d'un fil FCX dont la différence de longueur avec la règle *f*X égale la distance *s*S des points pris pour sommets.

Ensuite, à partir du point S, faites glisser un crayon C le long de la règle, en maintenant toujours le fil tendu : le crayon décrira la courbe SH.

En transportant la règle de l'autre côté de fF, on décrira l'autre partie SG de l'hyperbole.

Voir les définitions, page 35, n° 167.

Remarque. Les branches d'une hyperbole se redressent toujours plus rapidement que celle d'une parabole.

TROISIÈME PARTIE.

MESURE DES SURFACES ET DES VOLUMES.

THÉORÈMES ET PROBLÈMES.

Dans toutes les professions où le travail, ainsi que la marchandise, est payé en raison de sa surface ou de son volume, on a besoin de connaître la partie qui suit de cet ouvrage. Elle est donc indispensable aux peintres en bâtiment, aux menuisiers, aux charpentiers, aux maçons, aux couvreurs, aux terrassiers, comme à tous ceux qui font le commerce de bois, de pierre, de marbre, etc. Nous donnerons d'ailleurs, à la suite de chaque théorème, quelques applications, quelques problèmes qui en feront connaître l'utilité.

MESURE DES SURFACES.

(FIGURES PLANES.)

Mesurer la surface d'une figure, c'est chercher combien de fois elle contient une surface plus petite prise pour unité. Ce nombre de fois est ce qu'on appelle la superficie ou l'aire de cette figure.

L'unité qu'on emploie dans cette opération est un mètre carré, c'est-à-dire un carré dont chaque côté présente un mètre de longueur, et l'on emploie les subdivisions du mètre carré pour les surfaces d'une petite dimension.

Mais il ne faut pas croire que l'on ne puisse trouver la superficie d'une figure qu'en la recouvrant avec des mètres carrés ou avec leurs subdivisions, et en comptant le nombre de ces carrés; ce moyen ne pourrait pas toujours être pratiqué, et d'ailleurs il en est un beaucoup plus simple, comme on va le voir, et dans lequel il suffit de mesurer quelques dimensions linéaires; elles suffisent toujours pour trouver les superficies demandées.

THEOREME I.

La superficie d'un rectangle s'obtient en multipliant sa base par sa hauteur[1].

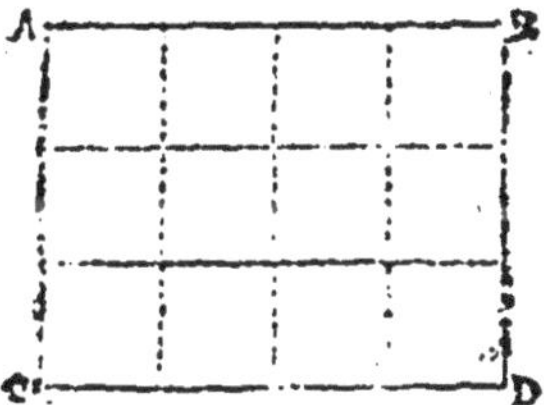

Supposons que la base CD contienne quatre fois l'unité linéaire, le mètre, et que la hauteur CA la contienne trois fois.

Divisons la base en quatre parties égales, et, par les points de division, menons des parallèles à la hauteur. Divisons la hauteur en trois parties égales, et, par les

[1] La base et la hauteur sont des lignes, et quand on dit qu'elles doivent être multipliées l'une par l'autre, on veut faire entendre qu'il faut multiplier l'un par l'autre les deux nombres de mètres de longueur renfermés dans ces deux lignes; et il en sera de même dans tous les théorèmes suivants.

points de division, menons des parallèles à la base. Les parallèles se diviseront les unes les autres à angles droits et formeront des carrés.

Alors on remarquera que le rectangle est partagé en autant de bandes horizontales qu'il y a d'unités de longueur dans la hauteur, c'est-à-dire en trois bandes, et chaque bande en autant de carrés qu'il y a d'unités de longueur dans la base, c'est-à-dire en quatre carrés, et qu'il suffira de répéter trois fois ces quatre carrés pour avoir le total des carrés renfermés dans la figure, ce qui revient enfin à multiplier la base par la hauteur.

Remarque. Si l'unité principale de longueur n'est pas contenue un nombre de fois exactement dans la base et dans la hauteur, on emploie alors, avec le mètre, une unité de longueur plus petite, le décimètre, le centimètre. On multiplie encore entre elles les deux dimensions exprimées par la même espèce d'unités, par des décimètres, par exemple, et l'on obtient, au produit, des décimètres carrés, dont on extrait facilement les mètres carrés. On opérerait de même pour les centimètres que l'on multiplierait entre eux.

PROBLÈMES. I. Le parquet d'une salle, de la forme d'un rectangle, a 32 mètres de longueur sur 12 mètres de largeur : on en demande la superficie. On demande aussi combien on doit payer au menuisier qui a fait ce travail, si le prix du mètre carré est de 10 fr. 75 c.

II. Trouver combien il faudra de carreaux de brique pour couvrir un plancher de 14 mètres 4 décimètres de longueur sur 17 mètres 5 décimètres de largeur, s'il faut 54 de ces carreaux pour couvrir une superficie d'un mètre carré. Trouver aussi combien il faudra payer à l'ouvrier, à raison de 5 fr. 65 c. par mètre carré.

III. On demande quelle est la hauteur d'un rectangle dont la base a 18 mètres 4 décimètres, et la superficie 79 mètres carrés 72 décimètres carrés.

La superficie d'un carré se trouve en multipliant un de ses côtés par lui-même.

Même démonstration que pour la figure précédente. Mais, la base et la hauteur d'un carré étant égales entre elles, il suffit de mesurer une de ces deux dimensions et de la multiplier par elle-même. Si donc nous supposons, dans la figure ci-dessus, qu'un côté ait 3 mètres, la superficie sera de 9 mètres carrés.

On comprend, d'après ce qui précède, quel est le nombre des subdivisions du mètre carré, car, un mètre linéaire valant 10 décimètres, on trouve 10 fois 10, ou 100 décimètres carrés, dans un mètre carré; de même, un décimètre linéaire valant 10 centimètres, on obtient 10 fois 10, ou 100 centimètres carrés, dans un décimètre carré, et par conséquent 100 fois 100, ou 10,000 centimètres carrés, dans un mètre carré.

Un raisonnement analogue fera trouver 100 mètres carrés dans un are, et 100 ares dans un hectare.

PROBLÈMES. I. Un terrain de forme carrée a 45 mètres 5 décimètres de longueur sur chacun de ses côtés : on en demande la superficie.

II. Une cour qui a la forme d'un carré présente 9604 mètres de superficie : quelle est la grandeur d'un de ses côtés?

III. Un carré offre une superficie de 55 mètres carrés 50 décimètres carrés 25 centimètres carrés : dites quelle est la grandeur d'un de ses côtés

THÉORÈME II.

La superficie d'un parallélogramme est égale au produit de sa base par sa hauteur.

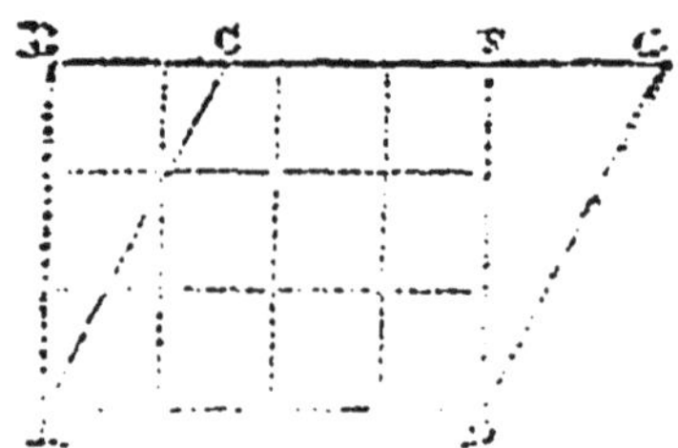

Un parallélogramme étant équivalent à un rectangle de même base et de même hauteur, il en résulte que la superficie du parallélogramme s'obtient, comme celle du rectangle, en multipliant la base par la hauteur.

Voir le théorème 1, page 88.

L'inspection de la figure ci-dessus en est encore une preuve; en effet, les carrés et les fractions de carré contenus dans le triangle ABC rempliraient exactement son égal DFG.

Pour le losange, qui est une espèce de parallélogramme, on opérera et l'on raisonnera comme ci-dessus.

Voir le 2e théorème sur les parallélogrammes, page 151. 4e partie.

PROBLÈMES. I. Quelle est la superficie d'une prairie ayant la forme d'un parallélogramme de 145 mètres 5 décimètres de base sur 58 mètres 7 décimètres de hauteur?

II. Trouver la base d'un parallélogramme dont la hauteur a 42 mètres, et la superficie 841 mètres carrés 32 décimètres carrés 70 centimètres carrés.

III. On demande la superficie d'un losange dont la distance perpendiculaire entre deux de ses côtés parallèles est de 75 centimètres, et la grandeur d'un côté 95 centimètres.

THÉORÈME III.

La superficie d'un triangle s'obtient en multipliant sa base par sa hauteur, et en prenant la moitié du produit.

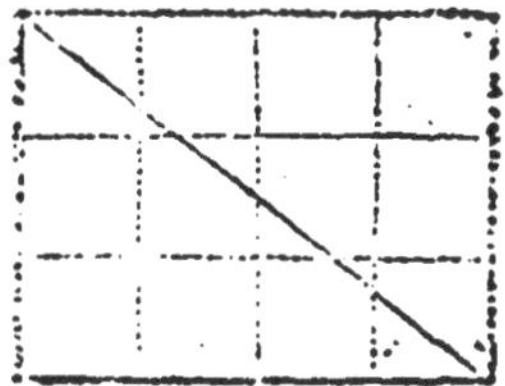

Si, pour obtenir la superficie d'un rectangle ou d'un parallélogramme, on multiplie sa base par sa hauteur, il est évident que, pour avoir celle d'un triangle, c'est-à-dire d'une figure qui n'est que la moitié d'un rectangle ou d'un parallélogramme, il faut prendre la moitié du produit.

Voir les théorèmes précédents et l'avant-dernier théorème sur les triangles, page 157, 4e partie.

Remarque. On peut dire encore que la superficie d'un triangle s'obtient en multipliant la base par la demi-hauteur, ou bien en multipliant la hauteur par la demi-base. Il est évident que dans ces deux cas, où l'on prend préalablement moitié de l'un des deux facteurs avant de faire la multiplication, le produit est réduit à moitié, et qu'il n'y a plus lieu de le diviser par 2.

PROBLÈMES. I. Trouver la superficie d'un toit de forme triangulaire dont la base a 14 mètres 3 décimètres, et la hauteur 9 mètres 72 centimètres.

II. On demande quelle est la hauteur d'une construction triangulaire dont la superficie est de 483 mètres carrés 74 décimètres carrés et la base de 39 mètres 5 décimètres.

III. Quelle est la superficie d'un losange dont une diagonale a 1 mètre 15 centimètres, et l'autre 95 centimètres?

THÉORÈME IV.

La superficie d'un trapèze est égale au produit de la demi-somme de ses bases par sa hauteur.

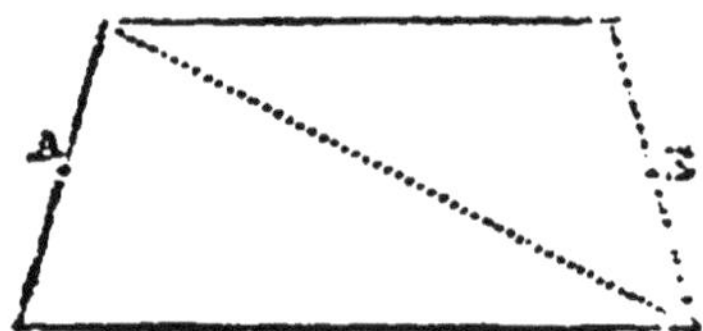

En effet, le trapèze peut se décomposer en deux triangles, qui ont chacun pour base une des bases du trapèze, et pour hauteur la hauteur même de cette figure. Or, on aura la superficie de chaque triangle en multipliant sa demi-base par sa hauteur; mais, la hauteur étant commune, l'opération peut s'abréger en réunissant les deux demi-bases et en les multipliant ensemble par la hauteur.

Remarque. Si par les points A et B, milieux des droites non parallèles, on mène une droite parallèle aux bases, cette droite sera la base moyenne, c'est-à-dire une droite égale à la demi-somme des bases.

PROBLÈMES. I. On demande quelle est la superficie d'un toit de la forme d'un trapèze ayant 13 mètres 44 centimètres à sa base supérieure, 19 mètres à sa base inférieure, 9 mètres 3 décimètres à sa hauteur; et combien de tuiles on emploiera pour le couvrir, s'il en faut 72 par mètre carré.

II. Quelle est la hauteur d'un trapèze dont la superficie a 245 mètres carrés, et dont les bases présentent, l'une 14 mètres 5 décimètres et l'autre 18 mètres 74 centimètres?

La superficie d'un polygone quelconque s'obtient en évaluant séparément la superficie de chacun des triangles qui le composent, et en réunissant toutes ces superficies.

On peut décomposer de plusieurs manières un polygone en triangles :

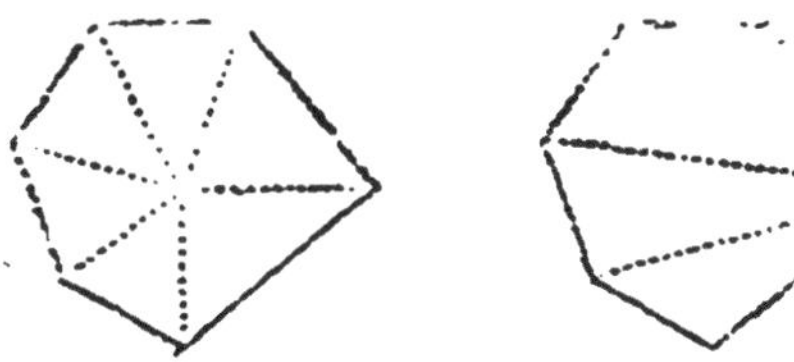

Au moyen de diagonales, ou au moyen de droites partant d'un point intérieur et menées aux différents sommets.

On peut encore décomposer un polygone en trapèzes et en triangles, comme dans la figure suivante.

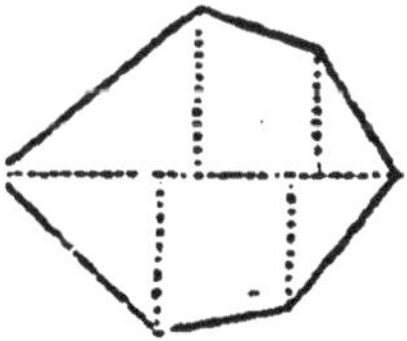

La somme des superficies des triangles et des trapèzes est la superficie du polygone.

Remarque. On opère pour un quadrilatère irrégulier comme on vient de le faire pour les polygones.

Voir les théorèmes précédents, pour la superficie du triangle et pour celle du trapèze.

Problème. Trouver la superficie d'une cour offrant la forme d'un quadrilatère irrégulier, dont la diagonale a 32 mètres 4 décimètres, et dont les hauteurs des deux triangles formés par cette diagonale sont, l'une de 7 mètres 25 centimètres, l'autre de 9 mètres 44 centimètres.

Théorème V.

La superficie d'un polygone régulier se trouve en multipliant son périmètre par la moitié de son apothème.

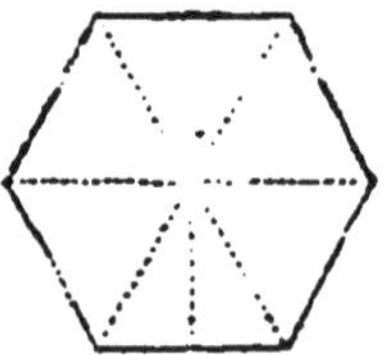

En effet, si du centre C on mène des droites à tous les sommets du polygone, on le divise en autant de triangles isocèles égaux que ce polygone a de côtés. Or, la superficie d'un de ces triangles est égale à sa base, qui est un côté du polygone, multipliée par sa demi-hauteur, c'est-à-dire par la moitié de l'apothème.

Il faudrait ensuite répéter ce produit autant de fois qu'il y a de triangles, c'est-à-dire autant de fois que le polygone a de côtés.

Mais l'opération peut se simplifier, en multipliant non pas la base d'un triangle, mais les bases réunies, c'est-à-dire le périmètre du polygone, par la moitié de l'apothème : le produit exprime alors la superficie de tous les triangles, c'est-à-dire du polygone.

Problème. Trouver la superficie d'un bassin ayant la forme d'un polygone régulier dont le contour a 84 mètres, et dont la distance du centre au milieu d'un côté est de 12 mètres 12 centimètres.

Théorème VI.

La superficie d'un cercle s'évalue en multipliant sa circonférence par la moitié de son rayon.

On emploie, pour évaluer la superficie d'un cercle, le même moyen que pour évaluer celle d'un polygone régulier; il n'y a qu'à remplacer, comme on l'a fait dans l'énoncé ci-dessus du théorème, les noms de périmètre et d'apothème par ceux de circonférence et de rayon; car un cercle peut être considéré comme un polygone régulier d'un nombre infini de côtés, lesquels seraient infiniment petits, et serviraient chacun de base à un triangle isocèle ayant son sommet au centre, et dont la hauteur serait égale au rayon de ce cercle.

Mesure de la circonférence. Cette mesure s'obtient par le calcul. Les géomètres ont trouvé que le rapport du diamètre à la circonférence est le même dans tous les cercles grands ou petits. En effet, on sait que, si un cercle a un mètre de diamètre, il a une circonférence de 3 mètres 1416; ou, en d'autres termes, que la longuéur d'une circonférence est un peu plus de trois fois celle de son diamètre; c'est ce que le géomètre Archimède avait exprimé en disant que la circonférence contient trois fois le diamètre plus 1/7 de ce diamètre; mais ce rapport se trouve moins exact que le précédent; la valeur en est un peu trop forte.

On voit, d'après ce qui précède, que, pour trouver la longueur d'une circonférence quelconque, il faut d'abord connaître son diamètre, et le multiplier par 3,1416 [1].

Problèmes. I. Trouver la circonférence d'un bassin dont le diamètre est de 15 mètres 72 centimètres.

II. Quelle est la superficie du bassin dont on a fait connaître le diamètre dans la question précédente?

III. On demande le diamètre ou l'épaisseur d'une colonne dont le contour a 4 mètres 75 centimètres.

IV. On a mesuré le contour d'un bassin; on l'a trouvé de 158 mètres 32 centimètres : quelle en est la superficie?

V. La superficie d'un cercle est de 428 mètres carrés 35 décimètres carrés : on en demande le rayon.

VI. Quel diamètre faut-il donner à un cercle pour que la superficie présente 15 mètres carrés 60 décimètres carrés 48 centimètres carrés?

VII. Quelle est la circonférence d'un cercle dont la superficie a 7 mètres carrés 13 décimètres carrés 44 centimètres carrés?

---

[1] Ce rapport n'est encore qu'une valeur approchée; on ne peut pas l'obtenir exactement.

Au lieu de dire que l'on multiplie le diamètre par 3,1416, on pourrait dire que l'on multiplie le double rayon, ce qui est la même chose, et alors la superficie du cercle serait égale au double rayon multiplié par 3,1416, et multiplié ensuite par le demi-rayon. Mais si, d'une part, au lieu du double rayon, on prend le rayon simple, on réduira le produit à moitié; et si, d'une autre part, au lieu du demi-rayon, on prend le rayon entier, on doublera le produit, et il y aura compensation. Alors on pourra dire que la superficie du cercle égale le rayon multiplié par 3,1416, et multiplié ensuite par ce même rayon; ce qui revient enfin à multiplier le carré du rayon par 3,1416. Voilà donc un second moyen d'obtenir la superficie d'un cercle.

La superficie d'un secteur s'obtient en multipliant la longueur de l'arc qui lui sert de base par le demi-rayon.

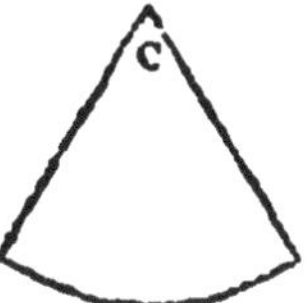

Un secteur étant une partie de surface de cercle, il suffit de trouver quelle partie il en est pour déterminer sa superficie. Mesurons donc avec le rapporteur l'angle au centre C.

Supposons que cet angle soit de 50 degrés, nous raisonnerons ainsi : un secteur dont l'angle au centre n'aurait qu'un degré serait la 360me partie du cercle; mais un secteur dont l'angle a 50 degrés est 50 fois plus grand.

Cherchons la superficie du cercle entier : mesurons donc le rayon; doublons-le, nous aurons le diamètre; ce diamètre nous fera trouver la circonférence et enfin la superficie, dont nous prendrons les $\frac{50}{360}$; le résultat sera la superficie demandée.

PROBLÈME. Trouver la superficie d'un secteur dont l'arc est de 65 degrés et le rayon de 4 mètres.

La superficie d'un segment s'évalue en retranchant du secteur la superficie du triangle isocèle formé par les deux rayons et la corde qui en joint les extrémités.

Il faut donc commencer par évaluer la superficie du secteur, et faire ensuite la soustraction que nous venons d'indiquer.

PROBLÈME. Quelle est, dans un cercle de 12 mètres de rayon, la superficie d'un segment qui correspond à 90 degrés?

La superficie d'une couronne circulaire se trouve en évaluant la superficie de chacun des deux cercles dont elle sépare les circonférences, et en retranchant la plus petite superficie de la plus grande : le reste exprime la superficie de la couronne,

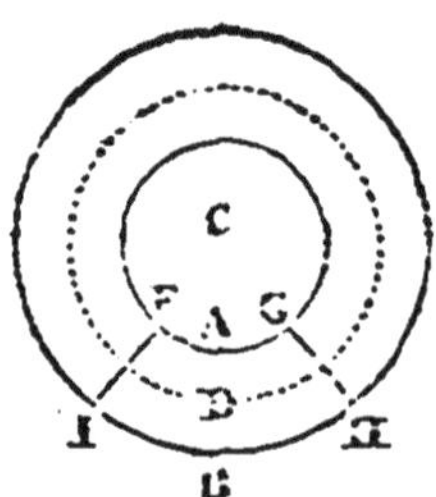

Ou bien encore en multipliant la hauteur ou l'épaisseur AB de la couronne par la moitié de la somme des deux circonférences qui la limitent, ou, ce qui revient au même, par la circonférence moyenne, qui a pour rayon CD.

Pour une portion de couronne FGHI, il faudrait en multiplier la hauteur ou l'épaisseur par la moitié de la somme des deux arcs qui en forment les limites, ou par l'arc moyen, comme ci-dessus.

PROBLÈME. Trouver la superficie d'une couronne circulaire comprise entre deux circonférences concentriques, dont l'une a 8 mètres 70 centimètres, et l'autre 11 mètres 85 centimètres de rayon.

La surface d'une ellipse quelconque est moyenne proportionnelle entre la surface d'un cercle qui aurait pour diamètre le grand axe de cette ellipse, et celle d'un autre cercle ayant pour diamètre le petit axe.

Voir la figure du n° 160, p. 34

Note. Quand on ne peut prendre des mesures dans l'intérieur de la figure dont on veut connaître la superficie, on construit en dehors une autre figure facile à mesurer, par exemple, un rectangle, et qui enveloppe de toutes parts la figure proposée. On évalue d'abord la superficie de ce rectangle, puis on évalue celle des figures comprises entre les côtés de ce rectangle et la figure donnée; on retranche ces superficies de celle du rectangle, la différence est évidemment la superficie demandée.

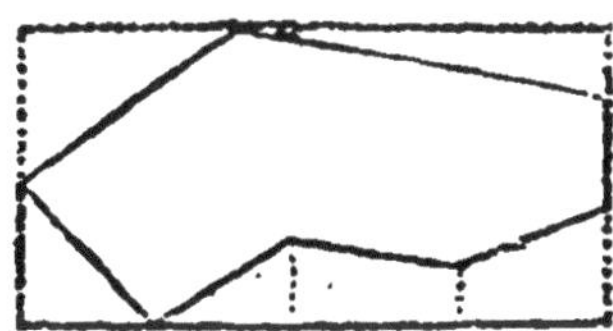

Note. Si la figure proposée est limitée par des courbes irrégulières, on remplace ces courbes par des droites de peu d'étendue, et qui, pénétrant dans la figure à mesurer, laissent en dehors de cette figure des parties à peu près égales en superficie à celles qu'elles comprennent du dehors et qui n'en font réellement pas partie. La superficie du polygone rectiligne est à peu près équivalente à celle de la figure proposée.

MESURE DE LA SURFACE DES SOLIDES.

THÉORÈME I.

La superficie latérale d'un prisme droit s'obtient en multipliant le périmètre de sa base par sa hauteur.

La surface latérale d'un prisme droit est formée d'une suite de rectangles dont la hauteur est celle du prisme même, et dont la base est un côté de la base de ce prisme.

Or, on aurait la superficie de chacun de ces rectangles en multipliant sa base par sa hauteur, et l'on aurait enfin la superficie latérale du prisme en réunissant ces différents produits.

Mais on obtient plus vite le même résultat en prenant les bases réunies des rectangles, c'est-à-dire le périmètre de la base du prisme, et en le multipliant par la hauteur.

PROBLÈMES. I. Combien faut-il employer de mètres d'étoffe de 75 centimètres de largeur pour recouvrir les murs d'une chambre de 3 mètres 12 centimètres de hauteur, et de 14 mètres 34 centimètres de contour à la base, et que faudrait-il payer pour cette étoffe, si le mètre coûte 3 fr. 45 c.?

II. Une chambre a 28 mètres 75 centimètres de contour à sa base, et présente dans ses quatre murs une superficie de 125 mètres carrés 45 décimètres carrés 86 centimètres carrés : on demande la hauteur de cette chambre, et, de plus, combien on doit payer au peintre qui l'a décorée, si le prix du mètre carré est de 4 fr. 70 c.

La superficie latérale d'un prisme oblique s'évalue en multipliant le contour d'une section perpendiculaire aux arêtes latérales par une de ces arêtes.

Les arêtes latérales, qui sont égales entre elles, peuvent être prises pour bases de parallélogrammes dont le contour de la section perpendiculaire SOP exprime les hauteurs réunies. Il suffit donc de multiplier une arête latérale par la ligne qui exprime ces hauteurs réunies, pour avoir à la fois la superficie des différents parallélogrammes latéraux.

La superficie totale d'un prisme quelconque s'obtient en ajoutant à la superficie latérale celles des deux bases, qu'il faut évaluer séparément.

Problème. On demande la superficie latérale d'un prisme oblique dont le contour d'une section perpendiculaire aux arêtes latérales est de 3 mètres 45 centimètres, ces arêtes ayant elles-mêmes 4 mètres 28 centimètres de longueur.

La superficie latérale d'un prisme tronqué se trouve en multipliant le contour de sa base ou d'une section perpendiculaire aux arêtes latérales, par une moyenne prise entre ces arêtes.

En effet, en prenant une moyenne entre les arêtes latérales, on ramène la figure à celle d'un prisme entier, car on admet alors que les autres arêtes latérales sont égales à cette moyenne, et dès lors il faut opérer comme dans le cas du prisme entier.

PROBLÈME. Trouver la superficie latérale d'un prisme droit triangulaire tronqué dont le contour de la base a 14 mètres 56 centimètres, et dont les arêtes latérales ont les longueurs suivantes : 3 mètres 28 centimètres, 3 mètres 96 centimètres, 4 mètres 34 centimètres.

THÉORÈME II.

La superficie latérale d'une pyramide régulière est égale au produit du périmètre de sa base par la moitié de la hauteur d'un de ses triangles latéraux.

La surface latérale d'une pyramide régulière se compose d'une suite de triangles isocèles égaux. Or, pour obtenir la superficie d'un de ces triangles, il faudrait multiplier sa base par sa demi-hauteur; et si, ensuite, on répétait ce produit autant de fois que la pyramide a de faces, le résultat serait la superficie de toutes ces faces.

Mais on obtient plus vite le même résultat en multipliant les bases réunies, c'est-à-dire le périmètre de la base de la pyramide, par la demi-hauteur d'un triangle latéral.

Dans la **pyramide irrégulière**, les triangles latéraux n'étant pas égaux entre eux, il faut les mesurer séparément pour avoir la superficie de chacun ; ensuite, il faut réunir les superficies obtenues : le total qu'on obtient alors est la superficie demandée.

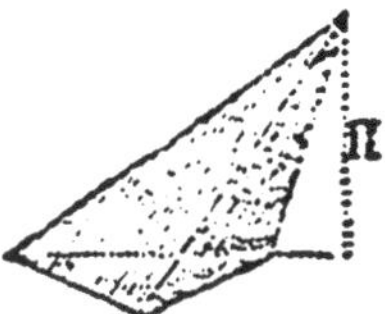

La superficie totale d'une pyramide quelconque s'obtient en ajoutant à la superficie latérale celle de la base, qu'il faut évaluer séparément.

Problèmes. I. Quelle est la superficie latérale d'une pyramide régulière dont le périmètre de la base a 42 mètres 60 centimètres, et dont la demi-hauteur d'un des triangles latéraux est de 13 mètres 52 centimètres?

II. Une pyramide régulière présente dans ses faces latérales une superficie de 14 mètres carrés 32 décimètres carrés 28 centimètres carrés ; le contour de la base a 4 mètres 46 centimètres : quelle est la hauteur d'un triangle latéral?

La superficie latérale d'une pyramide régulière tronquée à bases parallèles s'obtient en multipliant la demi-somme des périmètres des deux bases par la hauteur d'un des trapèzes latéraux, car, dans ce cas, ces différents trapèzes ont même hauteur.

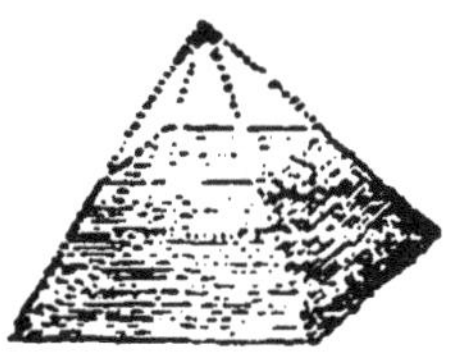

Si la **pyramide tronquée** est **irrégulière**, il

faut évaluer séparément la superficie de chacun des trapèzes latéraux, et réunir ces superficies.

PROBLÈME. On demande la superficie latérale d'une pyramide régulière tronquée à bases parallèles, dont le périmètre de la base supérieure a 11 mètres 54 centimètres, le périmètre de la base inférieure 15 mètres 46 centimètres, et la hauteur d'un trapèze latéral 2 mètres 46 centimètres.

THÉORÈME III.

La superficie latérale d'un cylindre droit s'évalue en multipliant la circonférence de sa base par sa hauteur.

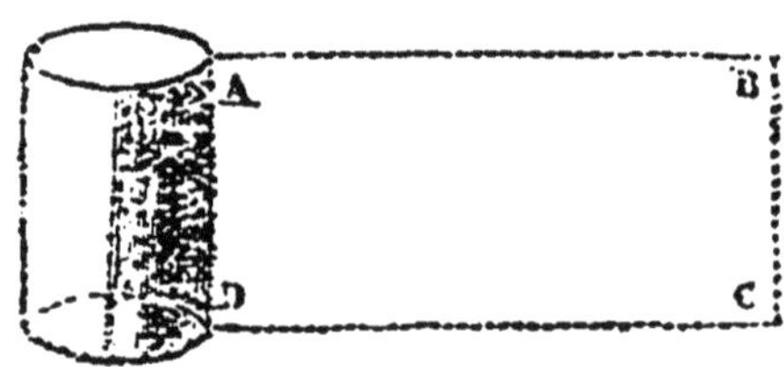

Si l'on suppose que la surface latérale du cylindre soit coupée dans le sens de la hauteur de ce solide, c'est-à-dire de A en D, et si on la développe de manière à la rendre plane, comme dans la figure ABCD, on verra que cette surface a la forme d'un rectangle qui a pour base le contour de la base du cylindre, et pour hauteur la hauteur même de ce cylindre : il faut donc, pour avoir la superficie demandée, multiplier la circonférence de la base du cylindre par sa hauteur.

PROBLÈMES. I. Trouver combien de mètres carrés de tôle il faut employer pour faire une cheminée de bateau à vapeur de 14 mètres 60 centimètres de hauteur, et de 1 mètre 24 centimètres de diamètre.

II. Combien faut-il payer pour la peinture d'une colonne cylindrique de 12 mètres de hauteur, et de 1 mètre 44 centimètres de contour à raison de 3 fr. 25 c. par mètre carré?

III. Un cylindre droit a 8 mètres carrés 32 décimètres carrés 44 centimètres carrés de superficie latérale; le contour de sa base est de 1 mètre 45 centimètres : quelle est la hauteur de ce cylindre?

La superficie latérale d'un cylindre oblique se trouve en multipliant le contour d'une section perpendiculaire au côté, par la longueur de ce côté.

En effet, on peut considérer le cylindre comme un prisme ayant une infinité de faces latérales, et alors le raisonnement est le même que pour le prisme oblique. Voir page 102.

La superficie totale d'un cylindre quelconque s'obtient en ajoutant à la superficie latérale celle des deux bases, qu'il faut évaluer séparément.

PROBLÈME. Quelle est la superficie latérale d'un cylindre oblique dont le contour d'une section perpendiculaire au côté est de 4 mètres 33 centimètres, et la longueur du côté de 13 mètres 74 centimètres?

La superficie latérale d'un cylindre tronqué s'obtient en multipliant la circonférence de sa base, ou d'une section perpendiculaire au côté, par une moyenne entre la plus petite et la plus grande hauteur, ou arête latérale.

Car, en prenant une moyenne entre les deux hauteurs latérales extrêmes, on ramène la figure à celle d'un cylindre entier, en admettant que les deux hauteurs sont égales entre elles, c'est-à-dire égales à cette moyenne, et, dès lors, il faut opérer comme dans le cas du cylindre entier.

Problème. On demande la superficie latérale d'un cylindre droit tronqué, dont la circonférence de la base a 3 mètres 89 centimètres, et dont les deux hauteurs latérales extrêmes ont, l'une 8 mètres 50 centimètres, et l'autre 10 mètres 42 centimètres.

Théorème IV.

La superficie latérale d'un cône droit s'évalue en multipliant la circonférence de sa base par la moitié de son côté.

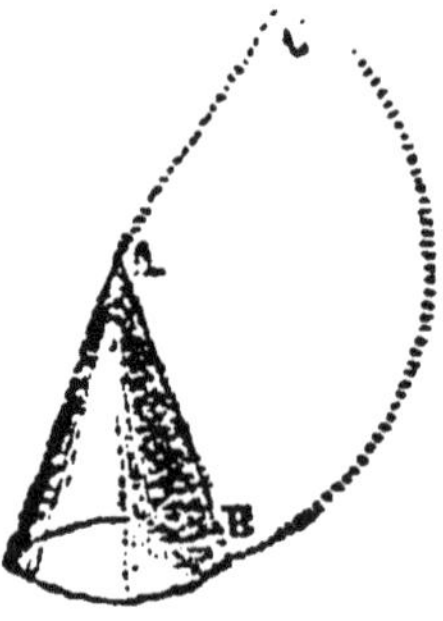

Si l'on suppose que la surface latérale soit coupée dans le sens du côté AB, et si on la développe de manière à la rendre plane, comme dans la figure ABC, on verra que cette surface n'est autre que la surface d'un secteur de cercle, qui a pour rayon le côté AB, et pour arc ou base le développement de la base circulaire du cône.

Or, cet arc est connu, c'est le contour de la base du

cône, et il n'y a qu'à le multiplier par le demi-rayon c'est-à-dire, par la demi-longueur du côté; on aura ainsi la superficie demandée.

PROBLÈMES. I. Une tourelle est terminée par un toit de forme conique, dont le contour de la base a 19 mètres 75 centimètres, et la longueur du côté 8 mètres 42 centimètres : trouver la superficie de ce toit, ensuite trouver combien il faudra employer d'ardoises pour le recouvrir, si par mètre carré il faut 58 ardoises.

II. Trouver la longueur du côté d'un cône droit dont le contour de la base a 84 centimètres, et dont la superficie latérale est de 3 mètres carrés 22 décimètres carrés 58 centimètres carrés.

Pour obtenir **la superficie latérale d'un cône oblique,** on en décompose la surface en un nombre arbitraire de triangles ayant leur sommet au sommet du cône, et leur base sur le contour de la base du cône. On évalue séparément la superficie de chacun de ces triangles, et le total de ces superficies est la superficie demandée.

La superficie totale d'un cône quelconque s'obtient en ajoutant à la superficie latérale celle de la base, qu'il faut évaluer séparément.

La superficie latérale d'un cône droit tronqué à bases parallèles est égale au produit de la demi-somme des circonférences des bases par la longueur du côté.

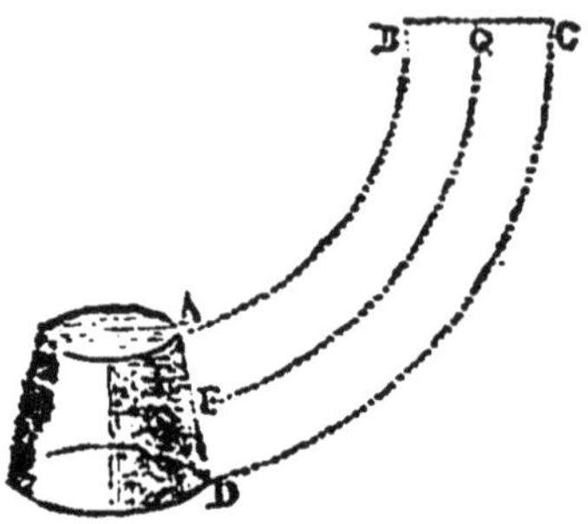

On voit, par la figure ci-dessus, que la surface latérale du cône tronqué, étant développée, représente un trapèze circulaire, que l'on peut supposer formé d'un grand nombre de petits trapèzes rectilignes, dont les bases supérieures sont réunies le long de AB, et les bases inférieures le long de DC. La hauteur commune est d'ailleurs connue, c'est la ligne AD; et il est évident que l'on obtiendra la superficie de l'ensemble de ces trapèzes en multipliant la demi-somme de leurs bases réunies par la hauteur, ou en multipliant la base moyenne FG par la hauteur; ce qui revient enfin à multiplier la demi-somme des circonférences des bases par la longueur du côté.

Pour le **cône oblique tronqué à bases parallèles,** on en décompose la surface en un nombre arbitraire de trapèzes ayant leurs bases sur les contours des deux cercles, qui forment eux-mêmes les bases du cône tronqué; on évalue séparément la superficie de chacun de ces trapèzes, et la réunion de ces superficies est la superficie demandée.

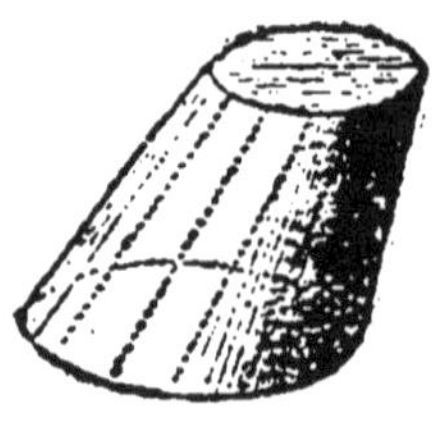

PROBLÈMES. I. Quelle est la superficie latérale d'un cône droit tronqué à bases parallèles, dont la circonférence de la base supérieure a 7 mètres 56 centimètres, la circonférence de la base inférieure 10 mètres 42 centimètres, et la longueur du côté 1 mètre 72 centimètres?

II. Trouver la longueur du côté d'un cône droit tronqué à bases parallèles, la demi-somme des circonférences des bases étant de 5 mètres 25 centimètres, et la superficie latérale de 4 mètres carrés 32 décimètres carrés.

La superficie totale d'un polyèdre régulier s'évalue en cherchant la superficie d'une de ses faces, et en répétant le produit obtenu autant de fois que le polyèdre régulier a de faces.

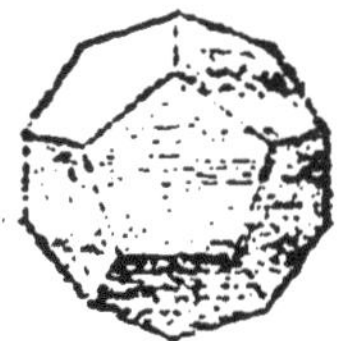

Cela est évident, puisque toutes les faces d'un polyèdre régulier sont égales entre elles.

PROBLÈME. On demande la superficie totale d'un hexaèdre régulier dont une arête a 2 mètres 45 centimètres de longueur.

THÉORÈME V.

La superficie d'une sphère s'obtient en multipliant la circonférence d'un de ses grands cercles par son diamètre

La surface de la sphère peut être considérée comme l'assemblage des surfaces latérales d'un nombre infini de cônes tronqués, et nous avons vu, page 108, le moyen d'évaluer la superficie de ces dernières figures.

Nous allons remarquer actuellement que la circonférence moyenne AB, multipliée par le côté CD, donne le même produit qu'une circonférence AO, perpendiculaire au côté CD, multiplié par l'axe GO.

Car abaissez la perpendiculaire CH, vous aurez deux triangles rectangles CHD, ABO semblables, puisqu'ils ont les côtés perpendiculaires entre eux[1], et l'on pourra établir la proportion[2] :

$$CD : AO :: CH : AB;$$

ce qui donne lieu à l'égalité

$$AB \times CD = AO \times CH;$$

ou bien encore, puisque CH égale GO,

$$AB \times CD = AO \times GO;$$

ou bien enfin, en considérant les circonférences dont AB et AO sont les rayons, c'est-à-dire, en multipliant les deux membres de cette égalité par un même nombre, comme ci-dessous, on obtient :

$$\text{circ. } 2AB \times CD = \text{cir. } 2AO \times GO.$$

Mais la même démonstration s'appliquerait à tous les

---

[1] Voir le théorème sur les triangles à côtés perpendiculaires, page 175, 4e partie.

[2] Voir pour les proportions, le *Traité d'arithmétique*.

cônes tronqués dont l'ensemble forme une sphère, et pour chacun on aurait : circ. 2AO à multiplier par une partie de l'axe. Or, on obtiendra en une fois les superficies latérales de ces cônes tronqués, en multipliant circ. 2AO par l'axe entier, c'est-à-dire la circonférence de la sphère par son diamètre.

Note. On trouve le diamètre d'une sphère en plaçant ce solide entre deux plans parallèles et en mesurant la distance qui les sépare.

Remarques. La surface d'une sphère est égale à quatre fois celle d'un de ses grands cercles, car pour évaluer la surface d'un de ses grands cercles on multiplie sa circonférence par son demi-rayon, et pour avoir la superficie d'une sphère, on en multiplie la circonférence par le diamètre entier, c'est-à-dire par un nombre quatre fois plus grand.

La surface d'une sphère est aussi égale à la surface latérale d'un cylindre qui lui est circonscrit, car ce cylindre a pour base un grand cercle de cette sphère, et pour hauteur un diamètre de la même sphère; or, la superficie latérale de ce cylindre s'obient en multipliant entre elles les mêmes quantités que pour avoir la superficie de la sphère : on aura donc le même résultat.

Enfin, la surface d'une sphère n'est que les deux tiers de la surface totale du cylindre circonscrit. En effet, la surface latérale du cylindre circonscrit égale déjà la surface de la sphère, c'est-à-dire quatre grands cercles de la sphère, et la surface totale du cylindre offre, de plus, deux grands cercles à ses bases; cette surface totale vaut donc six grands cercles de la sphère, pendant que la surface de la sphère n'en vaut que quatre; cette dernière vaut donc seulement les 4/6 ou les 2/3 de la surface totale du cylindre circonscrit.

PROBLÈMES. I. Trouver la circonférence d'une sphère dont le diamètre est de 88 centimètres.

II. Quel est le diamètre d'une sphère dont la circonférence est de 3 mètres 78 centimètres?

III. Un ouvrier qui a été chargé de dorer une sphère de 1 mètre 28 centimètres de diamètre demande quelle est la supercie de cette sphère?

IV. Trouver le diamètre d'une sphère dont la superficie est de 32 mètres carrés 97 décimètres carrés 92 centimètres carrés?

La superficie d'une zone ou d'une calotte sphérique se trouve en multipliant la circonférence d'un grand cercle de la sphère par la hauteur de cette zone ou de cette calotte.

Même démonstration que pour la surface entière de la sphère, car la zone et la calotte sont également formées de surfaces latérales de cônes tronqués.

La superficie d'un fuseau sphérique s'obtient en cherchant d'abord, au moyen du diamètre de ce fuseau, la superficie entière de la sphère dont il fait partie. On cherche ensuite la valeur de l'angle que forment entre eux les deux demi-grands cercles qui limitent ce fuseau, et l'on prend, de la surface entière comprenant les 300 degrés, la partie indiquée par le nombre de degrés du fuseau.

Par exemple, si la surface de la sphère présente 12 mètres carrés, et si le fuseau embrasse 18 degrés de la circonférence de cette sphère, on dira : Un fuseau d'un degré aurait la 360me partie de 12 mètres carrés, et un fuseau de 18 degrés aura 18 fois plus. Le résultat de cette multiplication par 18 sera la superficie demandée.

MESURE DES VOLUMES.

Le volume d'un corps est l'étendue plus ou moins grande de ce corps; c'est la quantité d'espace qu'il occupe.

Mesurer le volume d'un corps ou solide, c'est chercher combien de fois il contient un volume plus petit pris pour unité.

L'unité qu'on emploie dans cette opération est un mètre cube, c'est-à-dire un cube dont chaque face présente un mètre carré; et l'on se sert des subdivisions du mètre cube pour les corps d'une petite étendue.

Mais on va voir qu'il est toujours possible d'évaluer les volumes en mesurant seulement quelques dimensions linéaires.

THÉORÈME I.

Le volume d'un parallélipipède rectangle s'obtient en multipliant la superficie de sa base par sa hauteur.

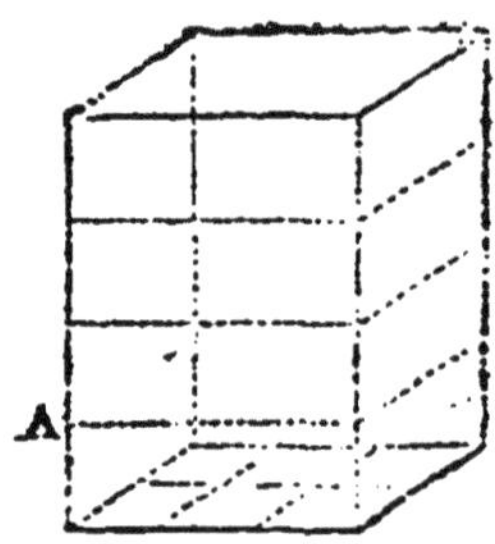

Supposons que le rectangle de la base ait 3 mètres de longueur et 2 mètres de largeur, il présentera une superficie de 6 mètres carrés.

Admettons que le parallélipipède ait d'abord 1 mètre de hauteur (A). A cette élévation, le solide présentera à l'intérieur un autre rectangle de 6 mètres de superficie, comme celui de la base, et qui lui sera parallèle.

Entre ces deux rectangles, on conçoit qu'il y aura autant de mètres cubes que nous avons trouvé de mètres carrés dans la base, c'est-à-dire, qu'il y aura 6 mètres cubes (B).

Enfin, si le parallélipipède a 4 mètres de hauteur, on y pourra compter 4 tranches qui seront comme placées les unes sur les autres, et qui contiendront chacune 6 mètres cubes, c'est-à-dire que le parallélipède contiendra 24 mètres cubes, nombre qu'on obtient en multipliant la superficie de la base par la hauteur.

Remarque. Si l'unité principale de longueur n'est pas

contenue un nombre de fois exactement dans les lignes que l'on mesure pour obtenir les volumes, on emploie alors, indépendamment du mètre, une unité de longueur plus petite, le décimètre, le centimètre.

On multiplie encore entre elles les trois dimensions exprimées par la même espèce d'unités, par des décimètres, par exemple, et l'on obtient, au produit, des décimètres cubes, dont on extrait facilement les mètres cubes. On opérerait de même pour les centimètres, que l'on multiplierait entre eux.

Problèmes. I. Une charpente a 9 mètres 24 centimètres de longueur, 45 centimètres de largeur, 40 centimètres d'épaisseur : dites quel en est le volume.

II. Trouver le volume d'un tas de moellons disposés en forme de parallélipipède rectangle, de 8 mètres 42 centimètres de longueur sur 3 mètres 28 centimètres de largeur et 1 mètre 50 centimètres de hauteur ; dire ensuite le prix de ces moellons, à raison de 3 fr. 75 c. le mètre cube

III. Un terrassier a creusé un fossé de 6 mètres de longueur sur 4 mètres 25 centimètres de largeur et 3 mètres 15 centimètres de profondeur : combien faut-il lui payer pour ce déblai, à raison de 2 fr. 50 c. le mètre cube?

IV. Combien y a-t-il de stères dans une pile de bois de 22 mètres 5 décimètres de longueur sur 17 mètres de largeur et 14 mètres 40 centimètres de hauteur ; et dire ce que vaut cette pile de bois, si le prix du stère est de 17 fr. 85 c.

V. Trouver le volume d'air contenu dans une chambre qui a 6 mètres 48 centimètres de longueur sur 5 mètres 35 centimètres de largeur et 3 mètres de hauteur.

VI. Un bassin rectangulaire contient 12 mètres cubes d'eau ; il a 4 mètres 20 centimètres de longueur et 1 mètre 45 centimètres de largeur : quelle en est la profondeur?

Le volume d'un cube s'évalue en multipliant

d'abord une de ses arêtes par elle-même, et en multipliant encore par la même arête le produit obtenu.

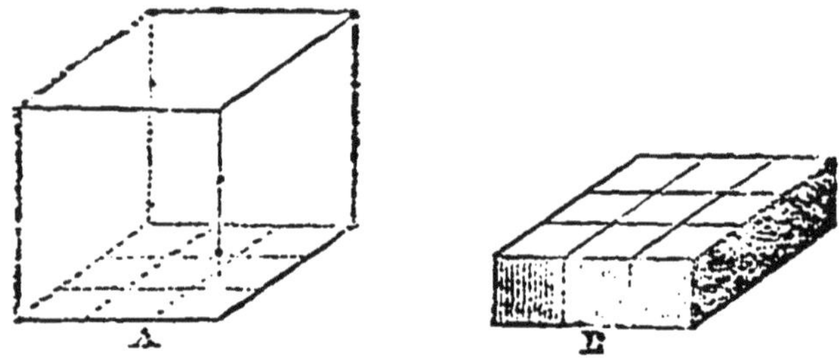

Supposons que cette arête (A) ait 3 mètres, la superficie de la base aura 9 mètres carrés, puisque les côtés de cette base sont égaux entre eux; et, la hauteur du cube ayant aussi 3 mètres, le solide renfermera trois tranches de chacune 9 mètres cubes (B) : il aura donc 27 mètres cubes, c'est-à-dire, le produit d'une de ses arêtes par elle-même, multiplié par la même arête.

Remarque. On comprend, d'après ce qui précède, quel est le nombre des subdivisions du mètre cube : car un mètre linéaire valant 10 décimètres, un mètre cube a une base carrée de 10 décimètres de côté ou de 100 décimètres carrés de superficie, et cette base étant multipliée par 10 décimètres de hauteur, on obtient 1000 décimètres cubes dans un mètre cube.

De même, un décimètre linéaire valant 10 centimètres, un décimètre cube a une base de 10 centimètres de côté ou de 100 centimètres carrés de superficie, et cette base étant multipliée par 10 centimètres de hauteur, on obtient 1000 centimètres cubes dans un décimètre cube, et, par conséquent, 1000 fois 1000 ou 1 000 000 de centimètres cubes dans un mètre cube.

PROBLÈMES. I. Une cuve a la forme d'un cube dont une arête a

8 mètres 80 centimètres de longueur; l'eau qui s'y trouve monte à 2 mètres 36 centimètres : combien y a-t-il de litres dans ce volume d'eau?

II. A quelle hauteur doit s'élever l'eau dans une caisse cubique dont l'arête a 3 mètres 50 centimètres, pour que la quantité d'eau contenue soit de 4000 litres?

III. Combien y a-t-il de décimètres cubes dans un cube dont l'arête a 3 mètres 5 décimètres?

Le volume d'un parallélipipède oblique se trouve, comme celui d'un parallélipipède rectangle, en multipliant la superficie de sa base par sa hauteur.

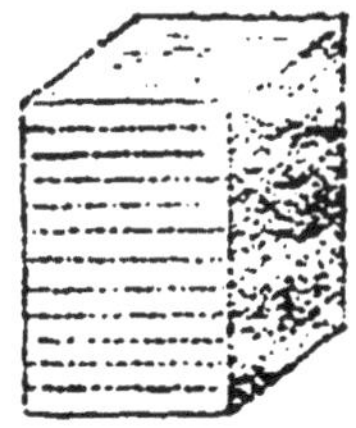

Pour le prouver, il faut faire voir que deux parallélipipèdes de même base et de même hauteur sont équivalents.

Supposons que les bases inférieures de ces deux solides soient placées sur un même plan horizontal; un autre plan horizontal pourra être placé sur les bases supérieures, puisque les deux solides ont même hauteur.

Divisons cette hauteur, dans les deux figures, en un même nombre de parties égales; et, par les points de division, menons, parallèlement à la base, des plans qui coupent les deux parallélipipèdes; entre ces plans, seront placées des tranches de même hauteur, aussi minces que l'on voudra, et dont la différence de forme ne pourra pas s'apprécier, puisque les bases sont égales.

Les deux parallélipipèdes seront donc composés d'un même nombre de tranches infiniment minces et toutes égales entre elles; les deux parallélipipèdes seront donc équivalents, et l'on devra opérer sur l'un comme sur l'autre pour en obtenir le volume.

Théorème II.

Le volume d'un prisme triangulaire droit s'obtient en multipliant la superficie de sa base par sa hauteur.

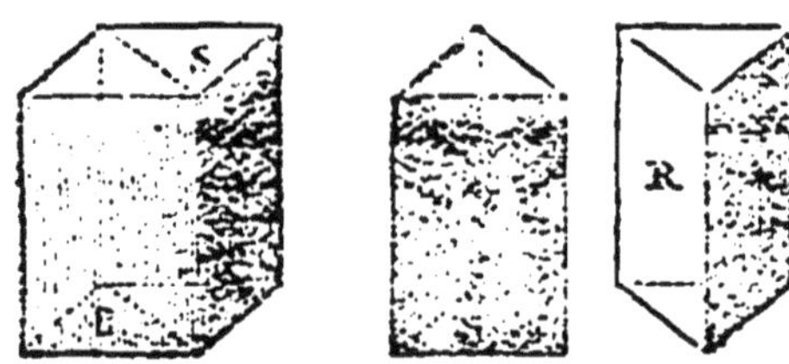

Il faut, pour le prouver, faire voir qu'un tel prisme est la moitié d'un parallélipipède qui a une base double et même hauteur.

On sait, d'abord, que les bases d'un parallélipipède sont des parallélogrammes égaux entre eux; si donc, au moyen de diagonales, comme on le voit ci-dessus, on divise ces deux bases (BS) chacune en deux triangles, ces triangles sont aussi égaux entre eux[1]; et si l'on coupe le solide en faisant passer un plan par les deux diagonales, on obtient deux prismes triangulaires égaux (PR), car leurs bases sont égales et ils ont même hauteur : chacun de ces prismes est donc la moitié du parallélipipède.

Or, le volume du parallélipipède s'obtiendrait en mul-

---

[1] Voir le théorème VI sur les triangles, page 157, 4e partie.

tipliant le parallélogramme de la base par la hauteur du solide; on aura donc le volume du prisme triangulaire, qui en est la moitié, en multipliant par la même hauteur une base moitié moins étendue, c'est-à-dire le triangle qui lui sert de base.

Le volume d'un prisme triangulaire oblique s'évalue, comme celui du prisme triangulaire droit, en multipliant la superficie de sa base par sa hauteur.

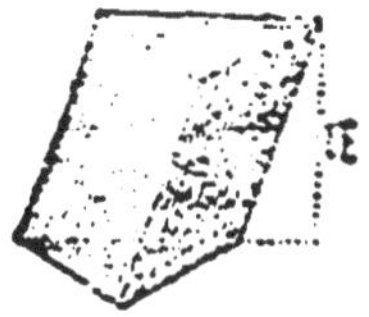

Même raisonnement que pour le parallélipipède oblique. Voir page 118.

Le volume d'un prisme quelconque s'évalue en multipliant la superficie de sa base par sa hauteur.

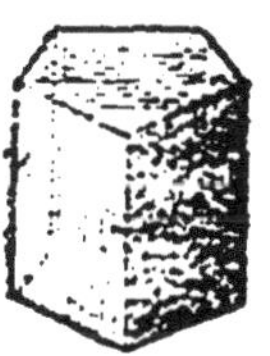

En effet, les bases des prismes sont toujours des polygones; or, tout polygone peut être divisé en triangles par des diagonales, et chaque triangle du polygone de la base peut être considéré lui-même comme base d'un prisme triangulaire de même hauteur que le prisme donné. Enfin, on aura en une fois le volume des différents prismes triangulaires que contiendra le prisme donné, en multipliant la superficie totale de sa base par sa hauteur.

PROBLÈMES. I. Quel est le volume d'un prisme dont la superficie de la base a 1 mètre carré 32 décimètres carrés, et dont la hauteur est de 2 mètres 45 centimètres?

II. Trouver la hauteur d'un prisme dont le volume est de 14 décimètres cubes 148 centimètres cubes, et dont la base présente une superficie de 4 décimètres carrés.

Le volume d'un prisme tronqué s'obtient en multipliant sa base, ou une base dont la surface aurait pour contour celui d'une section perpendiculaire aux arêtes latérales, par une moyenne entre ces mêmes arêtes.

En effet, en prenant une base perpendiculaire aux arêtes latérales et une arête moyenne, on ramène la figure à celle d'un prisme droit entier, car on admet alors que les autres arêtes latérales sont égales à cette moyenne, et dès lors il faut opérer comme à la page 119, pour le prisme droit.

Voir la figure du n° 121, page 27

PROBLÈME. On demande le volume d'un tas de gravier ayant la forme d'un prisme triangulaire tronqué de 5 mètres 20 centimètres de longueur, sur 1 mètre 15 centimètres de largeur, et dont l'arête supérieure, longue de 2 mètres 80 centimètres, est à 85 centimètres du sol.

Note. On voit que ce prisme est couché sur l'horizon, que ses trois arêtes inégales ont 3 mètres 20 centimètres, 3 mètres 20 centimètres et 2 mètres 80 centimètres, et que la section triangulaire, perpendiculaire à ces arêtes, a une base de 1 mètre 15 centimètres et une hauteur de 85 centimètres.

Théorème III.

Le volume d'une pyramide triangulaire s'évalue en multipliant la superficie de sa base par le tiers de sa hauteur.

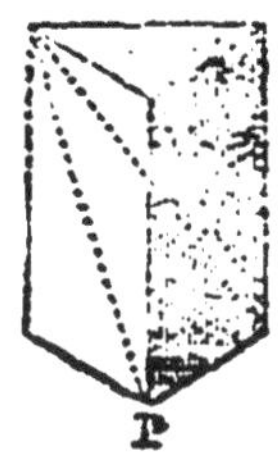

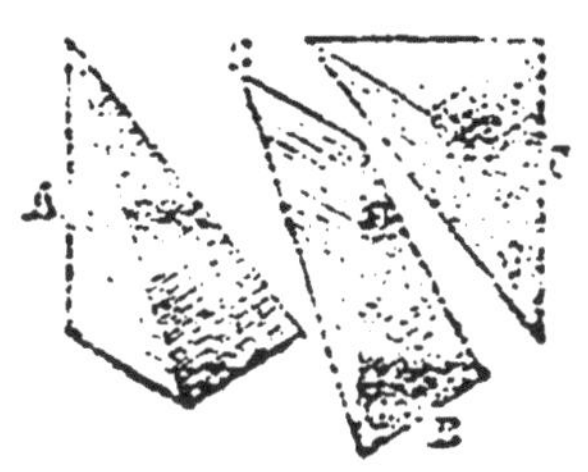

Il faut d'abord prouver que la pyramide triangulaire est le tiers d'un prisme triangulaire de même base et de même hauteur.

Coupez un prisme triangulaire (P) comme on l'a fait ci-dessus, vous obtiendrez trois pyramides triangulaires (A, B, C).

Les deux pyramides A et C sont équivalentes, comme ayant même hauteur, c'est-à-dire la hauteur même du prisme, et même base, c'est-à-dire les bases mêmes du prisme. Voir la remarque, page 123.

Les deux pyramides B et C sont équivalentes, puisqu'elles ont pour base, chacune, la moitié du parallélogramme BC, et même hauteur, leur sommet étant au point S.

Les trois pyramides sont donc équivalentes, par conséquent une quelconque des trois est le tiers du prisme; et si, pour avoir le volume d'un prisme, il faut multiplier la superficie de sa base par sa hauteur. il est évident que, pour l'une quelconque des trois pyramides, il faut multiplier la superficie de la base par le tiers seulement de la hauteur.

Note. On trouve la hauteur d'une pyramide en plaçant

ce solide entre deux plans parallèles, et en mesurant la distance qui les sépare.

Le volume d'une pyramide quelconque se trouve en multipliant la superficie de sa base par le tiers de sa hauteur.

En effet, toute pyramide peut se partager en pyramides triangulaires, au moyen de sections qui partiraient du sommet et qui diviseraient la base en triangles, en y traçant des diagonales.

Or, la hauteur commune de ces pyramides triangulaires est la hauteur même de la pyramide donnée, et leurs bases réunies forment la base de la même pyramide.

Si donc on multiplie cette base par le tiers de la hauteur, on aura à la fois le volume des différentes pyramides triangulaires que renferme la pyramide donnée, c'est-à-dire le volume de cette dernière pyramide.

Remarque. Deux pyramides de même base et de même hauteur sont équivalentes.

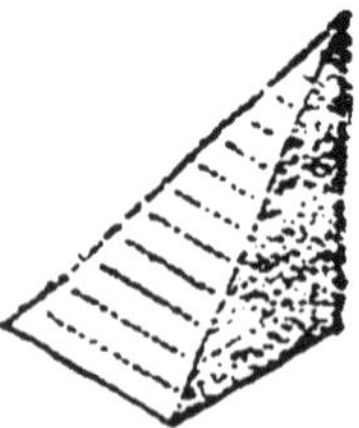

En effet, les deux figures ayant leurs bases placées sur

un même plan horizontal, si l'on divise leur hauteur commune en un même nombre de parties égales, et si, par les points de division, on mène, parallèlement aux bases, des plans qui coupent les deux pyramides, entre ces plans seront placées des tranches de même hauteur, aussi minces que l'on voudra, et dont la différence de forme ne pourra pas s'apprécier, puisque les bases sont égales. Les deux pyramides seront donc composées d'un même nombre de tranches infiniment minces, égales chacune à chacune : les deux pyramides seront donc équivalentes, et l'on devra opérer sur l'une comme sur l'autre pour en obtenir le volume.

PROBLÈMES I. Trouver le volume d'une pyramide dont la superficie de la base a 14 décimètres carrés 75 centimètres carrés et dont la hauteur est de 85 centimètres.

II. On demande quelle est la superficie de la base d'une pyramide dont le volume est de 35 décimètres cubes, et dont la hauteur a 84 centimètres.

Pour obtenir le **volume d'une pyramide tronquée,** on évalue le volume de la pyramide entière; puis séparément celui de la petite pyramide retranchée : la différence entre les deux résultats est le volume de la pyramide tronquée.

THÉORÈME IV.

Le volume d'un cylindre s'obtient en multipliant la superficie de sa base par sa hauteur.

Car on peut considérer un cylindre comme un prisme d'un nombre infini de faces latérales d'une largeur infiniment petite : donc le volume du cylindre s'obtiendra, comme celui du prisme, en multipliant la superficie de sa base par sa hauteur.

On opérera pour le cylindre oblique comme pour le cylindre droit, en observant, comme nous l'avons fait pour les parallélipipèdes, page 118, que deux cylindres de même base et de même hauteur sont équivalents.

PROBLÈMES. I. Combien de litres d'eau pourra contenir un cylindre creux dont le contour de la base a 1 mètre 76 centimètres, et dont la hauteur est de 3 mètres 6 décimètres?

II. Quelle hauteur faut-il donner à un cylindre creux de 84 centimètres de diamètre, pour qu'il puisse contenir 15 mètres cubes d'eau?

III. Un vase cylindrique a 4 mètres de hauteur et 36 centimètres de diamètre : trouver le diamètre d'un autre vase cylindrique de même hauteur e' qui doit contenir 100 litres de plus.

Le volume d'un cylindre tronqué se trouve en multipliant sa base ou une base dont la surface aurait pour contour celui d'une section perpendiculaire au côté, par une moyenne entre la plus petite et la plus grande hauteur ou arête latérale.

Car, en prenant une moyenne entre les deux hauteurs latérales extrêmes, on ramène la figure à celle d'un cylindre entier, en admettant que les deux hauteurs sont égales entre elles, c'est-à-dire égales à cette moyenne, et dès lors, il faut opérer comme à la page 125, pour le cylindre entier.

Voir la figure du n° 142, page 31.

PROBLÈME. On demande le volume d'un cylindre droit tronqué dont le contour de la base a 92 centimètres, et dont la plus petite hauteur latérale a 1 mètre 12 centimètres, et la plus grande 1 mètre 44 centimètres.

THÉORÈME V.

Le volume d'un cône s'évalue en multipliant la superficie de sa base par le tiers de sa hauteur.

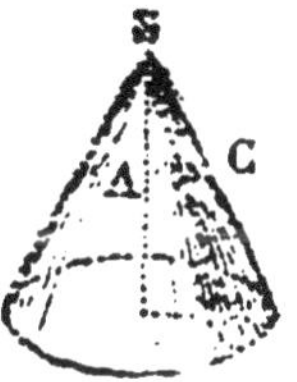

On peut, en effet, considérer un cône comme une pyramide qui a pour base un polygone dont les côtés sont en nombre infini, et sont infiniment petits.

Alors le volume d'un cône s'obtiendra, comme celui d'une pyramide, en multipliant la superficie de sa base par le tiers de sa hauteur.

On opérerera pour le cône oblique comme pour le cône droit, en observant, comme nous l'avons fait pour les pyramides, page 123, que deux cônes de même base et de même hauteur sont équivalents.

On peut conclure de ce qui précède que, pour le volume, un cône est le tiers d'un cylindre de même base et de même hauteur.

Note. On trouve la hauteur d'un cône comme celle d'une pyramide. Voir la note, page 122.

PROBLÈMES. I. Trouver le volume d'un pain de sucre de 32 centimètres de diamètre à la base, et dont la hauteur est de 57 centimètres.

II. Quelle est la hauteur d'un cône dont le volume est de 50 décimètres cubes, et dont la circonférence de la base a 87 centimètres?

Le volume d'un cône tronqué s'obtient comme celui d'une pyramide tronquée, c'est-à-dire qu'on évalue le volume du cône entier, puis séparément celui du petit cône retranché; la différence entre les deux produits est évidemment le volume du cône tronqué.

VOLUME DES POLYÈDRES RÉGULIERS.

On sait déjà, par ce qui précède, mesurer le volume de deux polyèdres réguliers; savoir, du tétraèdre, qui est une pyramide, et de l'hexaèdre, ou cube. Il reste donc l'octaèdre, le dodécaèdre et l'icosaèdre.

On peut considérer chacun de ces derniers solides

comme formé de pyramides égales entre elles, ayant pour bases les faces mêmes du polyèdre, et dont les sommets sont réunis en un même point au centre de ce polyèdre.

La hauteur de ces pyramides est d'ailleurs facile à obtenir, car les bases en sont parallèles deux à deux, c'est-à-dire que deux pyramides y sont comme placées l'une sur l'autre, et se touchent par le sommet. Il y a donc deux hauteurs de pyramide dans la distance qui sépare deux faces parallèles[1] ; et si l'on prend le sixième de cette distance, on aura le tiers de la hauteur d'une pyramide; puis, si l'on multiplie la base par le tiers de cette hauteur, on aura le volume de cette pyramide, volume que l'on répétera autant de fois que le polyèdre contiendra de pyramides, c'est-à-dire qu'il y aura de faces.

THÉORÈME VI.

Le volume d'une sphère s'obtient en multipliant sa surface par le tiers de son rayon.

On peut, en effet, considérer la surface de la sphère comme composée d'une infinité de petites faces planes, qui seraient chacune la base d'une pyramide ayant son

[1] On obtient cette distance par le moyen indiqué pour la pyramide, page 122.

sommet au centre de la sphère, et dont la hauteur serait le rayon même de cette sphère.

Or, le volume d'une de ces pyramides s'obtiendrait en multipliant la superficie de sa base par le tiers de sa hauteur, et il en serait de même pour toutes les autres pyramides qu'on imagine former la sphère.

Mais on aura en une seule fois le volume de toutes ces pyramides, si l'on multiplie l'ensemble de leurs bases, c'est-à-dire la superficie de la sphère, par le tiers de leur hauteur commune, c'est-à-dire par le tiers du rayon de la sphère.

Note. On trouve le diamètre d'une sphère, et par suite son rayon, comme il a été dit dans la note, page 112.

Remarque. Nous avons dit qu'on obtient le volume d'une sphère en multipliant sa surface par le tiers de son rayon; mais nous avons vu, page 112, que la surface de la sphère vaut quatre fois celle d'un de ses grands cercles : nous pouvons donc dire ici que, pour avoir le volume, on multiplie la surface de quatre grands cercles par le tiers du rayon, ou bien encore, ce qui revient au même, un grand cercle par quatre tiers du rayon (en prenant le quart d'un facteur et en rendant l'autre quatre fois plus grand), ou enfin, ce qui revient encore au même, que l'on multiplie un grand cercle par les deux tiers du diamètre.

Mais en multipliant un grand cercle de la sphère par le diamètre de cette sphère, on aurait évidemment le volume du cylindre circonscrit.

Le volume d'une sphère est donc égal aux deux tiers seulement du volume du cylindre circonscrit.

Voir la première figure de la page 113.

PROBLÈMES. I. Trouver le volume d'une sphère qui a 72 centimètres de diamètre.

II. Combien de litres d'eau pourra contenir une sphère creuse de 48 centimètres de rayon?

III. On demande le volume d'une sphère dont la circonférence est de 3 mètres 40 centimètres.

IV. Quel est le volume d'une sphère dont la superficie est de 2 mètres carrés 43 décimètres carrés 24 centimètres carrés?

Le volume d'un secteur sphérique se trouve en multipliant la superficie de la calotte sphérique qui lui sert de base par le tiers du rayon.

Même démonstration que pour le volume de la sphère, car le secteur sphérique est un assemblage de ces petites pyramides que nous avons considérées dans la sphère.

Le volume d'un segment sphérique s'évalue en calculant d'abord le volume du secteur qui lui correspond, et en retranchant ensuite de ce volume celui du cône qui se trouve compris entre la base du segment et le centre de la sphère.

Voir le n° 180, page 37.

Le volume d'un coin sphérique s'obtient en cherchant d'abord, au moyen du diamètre de ce coin, le volume entier de la sphère dont il fait partie; puis on cherche la valeur de l'angle que forment entre eux les deux demi-grands cercles qui limitent ce coin, et l'on prend du volume entier, dont la surface comprend les 360 degrés, la partie indiquée par le nombre de degrés du coin. Par exemple, si le volume de la sphère est de 12 mètres cubes, et si les deux demi-grands cercles qui limitent le coin forment entre eux un angle de 48 degrés, on dira : un coin de 1 degré aurait la 360e partie de 12 mètres cubes, et un coin qui embrasse 48 degrés aura 48 fois plus. Le résultat de cette multiplication par 48 sera le volume demandé.

Voir le n° 179, page 37.

MESURE DES CORPS IRRÉGULIERS.

Pour obtenir le volume d'un corps ou solide irrégulier, terminé par des faces planes, il faut le décomposer en pyramides qui auraient chacune pour base une face de ce solide, et pour sommet commun un des sommets de ce même solide. Il sera facile d'évaluer la superficie de la base de chacune de ces pyramides; il restera seulement à mesurer la hauteur de chaque pyramide par le moyen que nous avons indiqué page 122.

On peut aussi décomposer le solide en parties d'une autre forme, mais faciles à mesurer ; on évalue séparément chacune de ces parties, et l'on réunit les volumes obtenus; le total est évidemment le volume du solide proposé. Mais ces opérations géométriques sont souvent très-compliquées.

On peut recourir enfin à un autre moyen, qui consiste à plonger dans un vase de forme géométrique et rempli d'eau le corps dont on veut connaître le volume. Quand on a retiré ce corps de l'eau, si l'on mesure le volume de l'espace qu'occupait l'eau qu'il a déplacée, il est clair que l'on a le volume du corps.

Enfin, la capacité d'un vase irrégulier peut s'évaluer en l'emplissant d'eau avec un autre vase dont la capacité est connue. La quantité d'eau introduite dans le vase a mesurer indique évidemment sa capacité.

Moyen de trouver le volume d'un corps dont on connaît le poids, et de trouver le poids quand on connaît le volume.

On sait que les différents corps n'ont pas le même poids sous le même volume. Il y a donc, pour l'unité de volume de chaque corps, un poids qui dépend de la nature de ce corps, c'est son *poids spécifique;* et le rapport qu'il y a entre le poids de l'unité de volume d'un corps et le poids du même volume d'eau se nomme la densité de ce corps.

Voici le tableau des poids spécifiques ou de la densité de différents corps :

		Kilogrammes.
1 décimètre cube	d'eau pèse.	1
—	or fondu.	19,258
—	mercure	13,598
—	plomb.	11,352
—	argent	10,474
—	cuivre.	8,788
—	fer en barre. . . .	7,788
—	marbre.	2,717
—	sable pur.	1,900
—	eau de mer.	1,026
—	vin.	0,993
—	glace fondante. . .	0,932
—	huile d'olive. . . .	0,913
—	chêne.	1,170
—	noyer.	0,671
—	sapin.	0,550
—	liége	0,240

Exemples pour faire comprendre l'usage de la table qui précède.

I. Quel est le volume d'une barre de fer qui pèse 34 kilogrammes?

Solution. 7 kilog. 788 grammes de fer ayant un volume d'un décimètre cube, autant de fois 7 kilog. 788 seront contenus dans 34 kilogrammes, autant de fois cette dernière quantité présentera un décimètre cube. — On trouve 4 décimètres cubes, plus 365 centimètres cubes.

II. Quel est le poids d'un bloc de marbre dont le volume est de 145 décimètres cubes?

Solution.—Le décimètre cube de marbre pesant 2 kilog. 717 grammes, on conçoit que 145 décimètres cubes pèseront 145 fois plus, c'est-à-dire 393 kilog., plus 965 grammes

On trouvera dans la partie suivante des problèmes numériques relatifs au carré de l'hypoténuse ; nous avons cru devoir ne les placer qu'après le théorème sur le triangle rectangle, ce théorème leur servant de base.

QUATRIÈME PARTIE.

Nous avons exposé, dans ce qui précède, ce que doivent au moins savoir les élèves des écoles primaires en fait de géométrie, c'est-à-dire les définitions, les constructions et les évaluations. Cependant notre but ne serait pas complétement atteint, si nous n'offrions pas actuellement aux élèves avancés et studieux les preuves de tout ce que nous avons enseigné précédemment, et particulièrement les principes sur lesquels reposent les problèmes de notre deuxième partie. On va donc les trouver dans le recueil de théorèmes que nous offrons ici.

Ce qui va suivre est évidemment la partie la plus élevée, la plus forte de ce petit ouvrage, celle dans laquelle surtout va se présenter le langage concis et logique dont nous avons parlé; elle devait naturellement ne venir qu'à la suite des autres. Cependant, cet ordre est nouveau; il n'a point encore été adopté par les auteurs qui ont écrit sur la géométrie. Nous pensons néanmoins que l'on nous approuvera de l'avoir suivi, si l'on se rappelle que nous avons en vue le dessin linéaire géométrique, en même temps que les éléments de la géométrie elle-même.

ANGLES.

THÉORÈME I.

La somme des deux angles adjacents que forment deux droites qui se rencontrent est égale à deux angles droits.

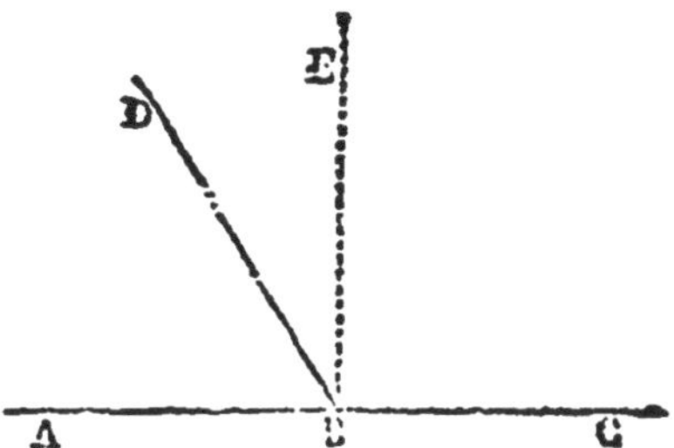

Soient donnés les deux angles ABD et DBC.

Au point B élevons la perpendiculaire BE; les deux angles ABE, EBC seront droits; et nous remarquerons que, si la ligne DB fait avec AB un angle plus petit qu'un angle droit, elle fait avec BC un angle plus grand, et que c'est exactement la quantité DBE, retranchée de l'angle droit ABE, qui se trouve ajoutée à l'autre angle droit EBC. Les deux angles ABD, DBC valent donc ensemble autant que les deux angles droits ABE, EBC.

COROLLAIRE. Tous les angles formés du même côté d'une droite, et ayant pour sommet un point de cette droite, valent ensemble deux angles droits.

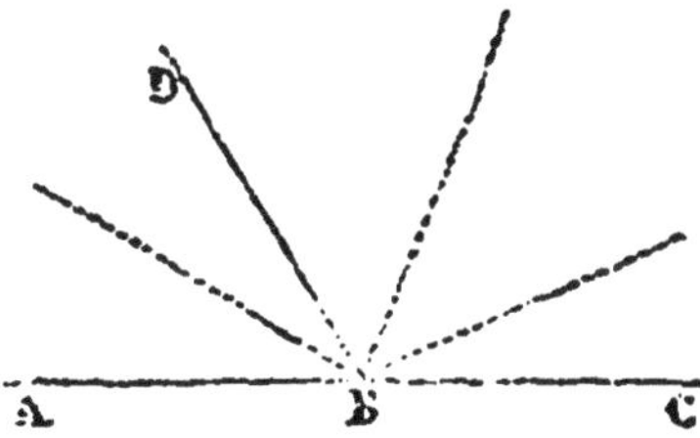

Car leur somme égale les deux angles adjacents ABD, DBC.

Théorème II.

Quand deux droites se coupent, les angles qu'elles forment, opposés au sommet, sont égaux.

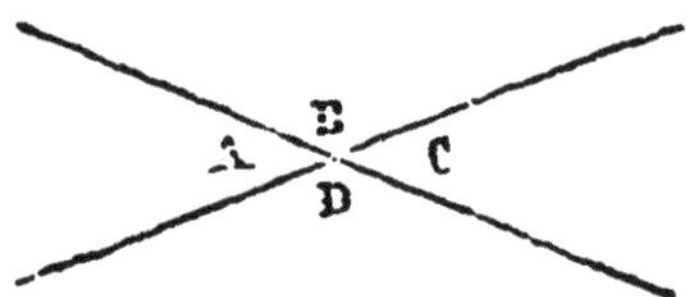

En effet, l'angle B + A = 2 droits comme adjacents, B + C = 2 droits comme étant aussi adjacents ; donc

$$B + A = B + C \text{ (axiome 3)},$$

et si l'on retranche B de part et d'autre, on aura

$$A = C \text{ (axiome 4)}.$$

On prouverait de même que B = D.

Théorème III.

Quand deux parallèles sont coupées par une ligne transversale, qu'on appelle aussi une sécante, huit angles se trouvent formés, savoir : quatre aigus et quatre obtus, et ces angles portent des noms particuliers. Les quatre qui sont renfermés entre les parallèles se nomment internes, et les quatre situés hors des parallèles se nomment externes.

Sur ces huit angles, il y en a quatre qui sont situés d'un côté de la sécante, et quatre qui sont situés de l'autre côté. On donne le nom d'alternes à deux angles égaux situés l'un à droite et l'autre à gauche de cette sécante, et l'on nomme correspondants deux angles égaux situés du même côté.

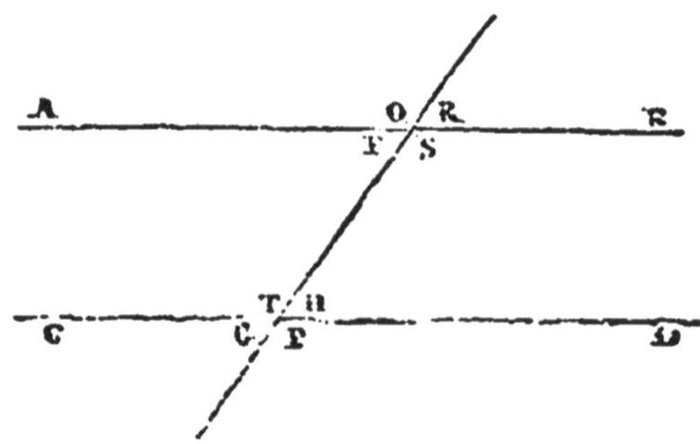

1° **Les angles correspondants sont égaux** (F = G).

Car les lignes AB, CD ayant une même direction, c'est-à-dire n'ayant aucune inclinaison entre elles, sont nécessairement également inclinées l'une et l'autre sur toute autre ligne qui les rencontre; donc F = G.

De même O = T, R = H, S = P.

2° **Les angles alternes-internes sont égaux** (F = H).

Car F = G comme correspondants, et H = G comme opposés au sommet; donc F = H (axiome 3).

De même, S = T.

3° **Les angles alternes-externes sont égaux** (O = P).

En effet, O = S comme opposés au sommet, et P = S, comme correspondants, donc O = P (axiome 3).

De même R = G.

4° **Les angles internes d'un même côté sont supplémentaires** (H + S = **2 droits**).

Car R + S = 2 droits comme adjacents; mais H = R comme correspondants. On peut donc ajouter indifféremment H ou R à S pour former deux angles droits, donc S + H = 2 droits.

De même, F + H = 2 droits.

5° **Les angles externes d'un même côté sont supplémentaires** (R + P = **2 droits**).

En effet, R + S = 2 droits comme adjacents; mais P = S comme correspondants. On peut donc ajouter indifféremment P ou S à R pour former deux angles droits, donc R + P = 2 droits.

De même, O + G = 2 droits.

THÉORÈME IV.

Deux angles à côtés parallèles et dirigés dans le même sens sont égaux.

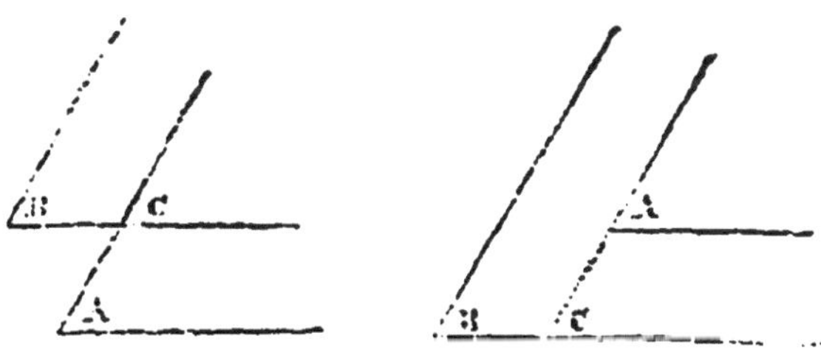

Je dis que l'angle A = B, si leurs côtés sont parallèles.

Prolongeons, s'il le faut, un des côtés de l'angle A pour qu'il rencontre un côté de l'angle B, nous aurons A = C comme correspondants, et B = C comme étant aussi correspondants, donc A = B (axiome 3).

Deux angles à côtés parallèles dirigés dans le sens contraire sont égaux.

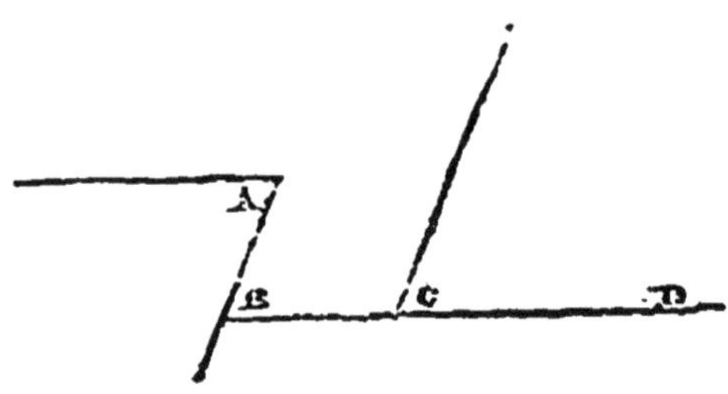

Je dis que l'angle C = A, si leurs côtés sont parallèles.

Prolongez DC jusqu'à B. L'angle C = B comme correspondants; l'angle A = B comme alternes-internes; donc l'angle A = C (axiome 3).

Quand deux angles à côtés parallèles ont deux côtés seulement dirigés dans le même sens et les deux autres côtés en sens contraire, ces deux angles sont supplémentaires.

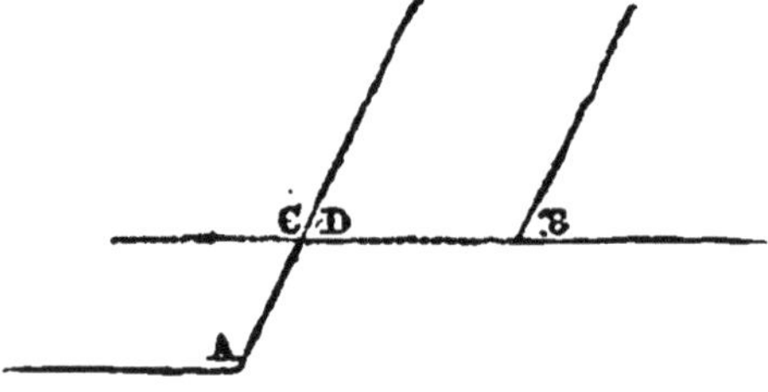

Je dis que les angles A et B sont supplémentaires, si eurs côtés sont parallèles.

Prolongeons le côté inférieur de l'angle B au delà de C. L'angle B = D comme correspondants. Or, l'angle D + C = 2 droits comme adjacents; donc B + C = aussi 2 droits. Mais A = C comme correspondants, donc A + B = 2 droits.

THÉORÈME V.

Les angles à côtés perpendiculaires sont égaux ou supplémentaires.

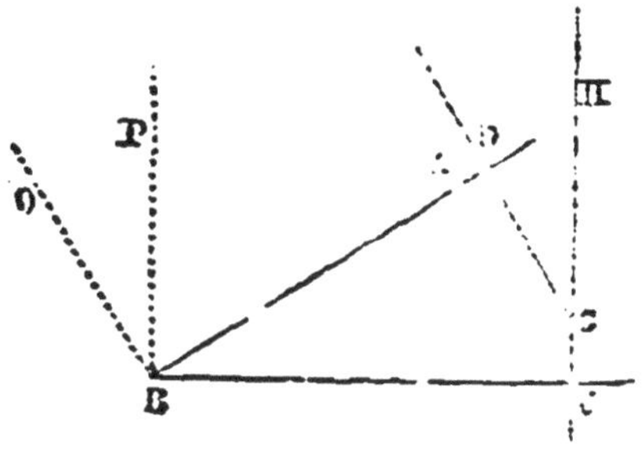

Soient les angles ABC et DGH, dans lesquels DG est perpendiculaire à BA, et GH perpendiculaire à BC; je dis que ces angles sont égaux.

Au point B, menons BP parallèle à GH et BO parallèle à GD. L'angle OBP = DGH (théor. IV, angles). Mais l'angle OBP + PBA = 1 angle droit, puisque OB est perpendiculaire sur BA, et l'angle CBA + PBA = aussi un angle droit, PB étant perpendiculaire sur BC; or, si de ces angles droits on retranche la partie commune PBA, les restes OBP et ABC seront égaux (axiome 4). Mais OBP = DGH : donc ABC = aussi DGH.

L'angle DGC a aussi ses côtés perpendiculaires à ceux de l'angle ABC; mais DGC étant le supplément de DGH, est aussi le supplément de ABC : d'où l'on voit que, quand un des deux angles donnés est aigu et l'autre obtus, ils sont supplémentaires.

THÉORÈME VI.

Un angle a pour mesure l'arc de cercle compris entre ses côtés et décrit de son sommet comme centre.

On sait, en effet, que l'arc compris entre les deux côtés d'un angle augmente ou diminue selon l'écartement plus ou moins grand des côtés de cet angle ; on peut donc prendre pour mesure de l'angle l'arc qu'il comprend entre ses côtés ; d'où il suit qu'un angle sera double d'un autre, si l'arc compris entre ses côtés est double de l'arc que comprend l'autre angle; il sera trois fois plus grand, s'il comprend un arc trois fois plus grand, etc. Mais ces arcs devront être décrits du sommet comme centre avec le même rayon.

On pourrait dire aussi que, si l'on divise un angle donné en petits angles égaux entre eux, on divisera en même temps l'arc qui mesure cet angle en autant de petits arcs égaux entre eux qu'on aura formé de petits angles ; on peut donc prendre pour mesure d'un angle le nombre des petits angles pris pour unités ou le nombre de leurs petits arcs.

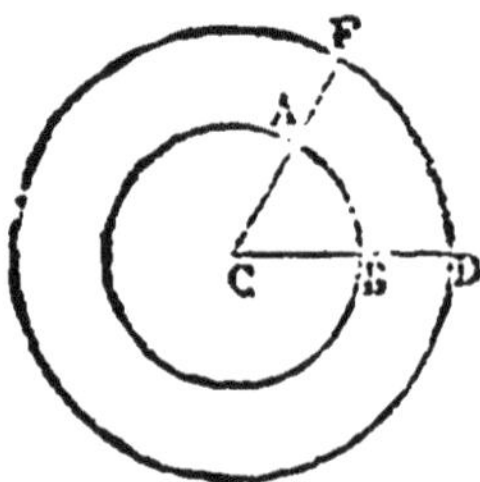

Observation. D'après ce qui précède, on voit que l'angle ACB, dans la figure ci-dessus, a pour mesure l'arc AB, et que l'angle FCD a pour mesure l'arc FD; mais si l'arc AB est le sixième, par exemple, de la circonférence à laquelle il appartient, l'arc FD sera aussi le sixième de sa circonférence; en d'autres termes, chaque arc sera une même fraction de chaque circonférence respective; le même angle peut donc être mesuré à des distances différentes de son sommet; il offrira toujours même mesure, et il comprendra le même nombre de degrés, comme on l'a vu page 10.

Note. Le degré se divise en 60 minutes, la minute en 60 secondes, la seconde en 60 tierces, et l'on emploie de petits signes pour représenter les degrés, les minutes, etc.; 36° 12′ 43″ signifient 36 degrés 12 minutes 43 secondes.

Les angles dont il vient d'être parlé se nomment des angles au centre, c'est-à-dire des angles dont le sommet est placé au centre d'une circonférence.

Théorème VII.

La somme des trois angles d'un triangle quelconque est égale à deux angles droits.

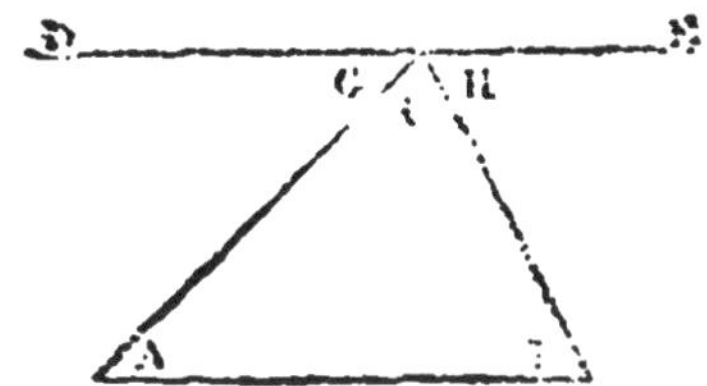

Soit le triangle ABC.

Par le sommet D, je mène DE, parallèle à AB.

L'angle G = A comme alternes-internes; l'angle H = B comme étant aussi alternes-internes; la somme des trois angles du triangle est donc égale à la somme des trois angles G, C, H, c'est-à-dire à deux droits.

Corollaires. I. Deux angles d'un triangle étant donnés, on trouve le troisième en retranchant la somme de ces deux angles de deux angles droits.

II. Un triangle ne peut avoir qu'un angle droit, car, s'il en avait deux, le troisième serait nul; à plus forte raison, il ne peut avoir qu'un angle obtus.

Théorème VIII.

Un polygone quelconque peut se décomposer en autant de triangles, moins deux, qu'il a de côtés.

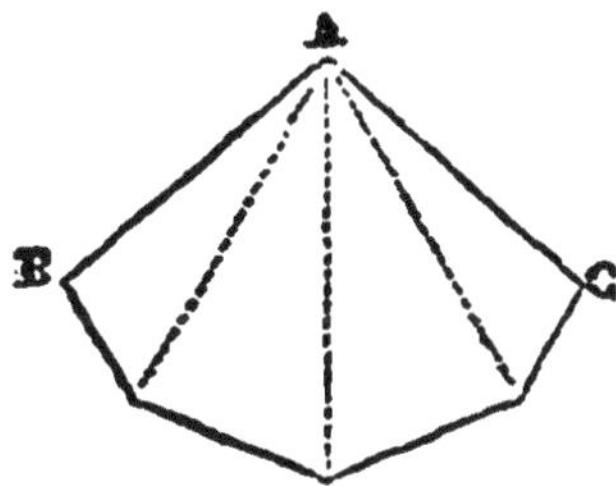

Car si l'on mène par l'un des sommets A d'un polygone des diagonales aux autres sommets, chaque côté du polygone devient la base d'un triangle, à l'exception des deux côtés AB, AC, attendu que les triangles auxquels ils appartiennent exigent chacun deux côtés du polygone.

Théorème IX.

La somme des angles intérieurs d'un polygone quelconque égale autant de fois deux angles droits que ce polygone a de côtés moins deux.

On sait déjà qu'un polygone peut former autant de triangles qu'il a de côtés moins deux; mais la somme des angles de chaque triangle égale deux angles droits, et les angles du polygone sont précisément ceux des triangles; il y a donc dans un polygone autant de fois deux angles droits qu'il y a de triangles, c'est-à-dire autant de fois qu'il y a de côtés moins deux.

Corollaire. La somme des angles d'un quadrilatère quelconque est égale à quatre angles droits; celle des angles d'un pentagone, à six angles droits; d'un hexagone, à huit angles droits; d'un octogone, à douze angles droits, etc.

Et de là il résulte que, si les angles d'un quadrilatère sont égaux, chacun est droit, c'est-à-dire a 90 degrés;

Que, si un pentagone est équiangle, chacun de ses angles a la 5ᵉ partie de 6 angles droits ou de 540 degrés, c'est-à-dire 108 degrés;

Que, si un hexagone est équiangle, chacun de ses angles a la 6ᵉ partie de 8 angles droits ou de 720 degrés, c'est-à dire 120 degrés;

Que, si un octogone est équiangle, chacun de ses angles a la 8ᵉ partie de 12 angles droits, ou de 1080 degrés, c'est-à-dire 135 degrés, etc.

PERPENDICULAIRES.

THÉORÈME I.

Quand une ligne est perpendiculaire sur une autre ligne, celle-ci est perpendiculaire sur la première

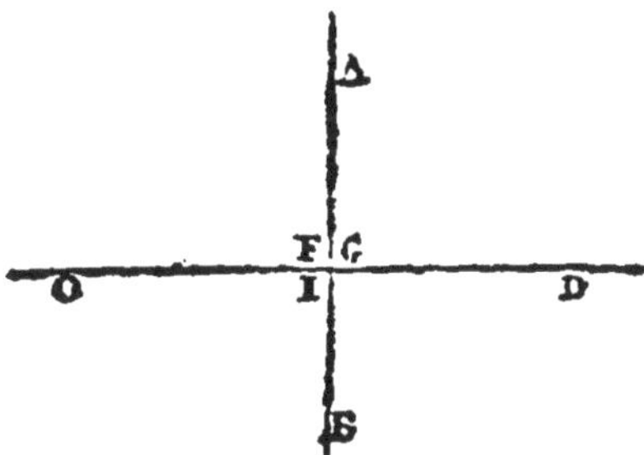

Car si AB est perpendiculaire sur CD, l'angle F = G; or l'angle I = G, comme opposés au sommet; donc l'angle I = F (axiome 3); donc la ligne CD fait des angles droits sur AB, c'est-à-dire qu'elle est perpendiculaire sur AB.

THÉORÈME I *bis.*

Par un point pris sur une droite, on ne peut élever qu'une perpendiculaire à cette droite.

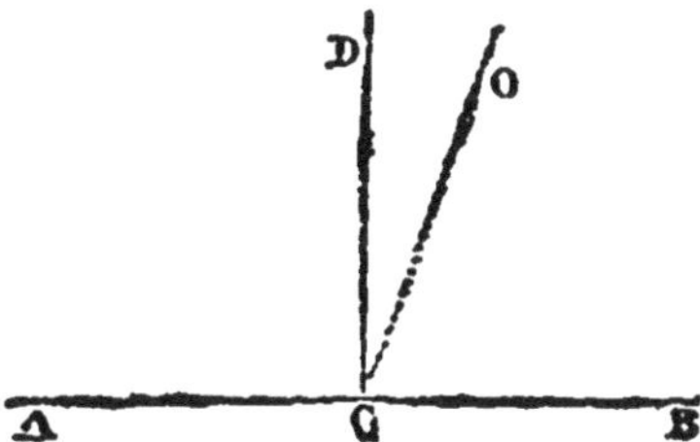

Car pour que les lignes CD, CO, partant du point C, soient perpendiculaires sur AB, il faut que l'angle OCB soit droit et égal à DCB; mais cela est impossible, car OCB n'est qu'une partie de DCB, et la partie n'est pas égale au tout (axiome 1).

THÉORÈME II.

D'un point pris hors d'une droite, on ne peut abaisser qu'une seule perpendiculaire à cette droite.

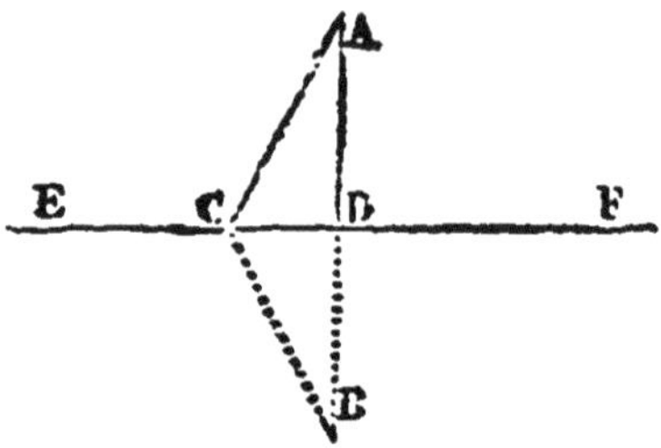

Soit AD partant du point A et perpendiculaire à EF. Prolongeons AD d'une grandeur égale DB ; la ligne entière AB sera perpendiculaire sur EF.

Supposons AC également perpendiculaire à EF, et faisons tourner DAC sur EF, comme sur une charnière, pour l'appliquer sur la partie inférieure : AD se confondra avec DB, puisque les angles en D sont droits, et AC prendra la direction de CB ; mais AC étant perpendiculaire sur EF, son prolongement CB est aussi perpendiculaire sur EF, et ACB est une ligne droite. — Entre A et B, il y aurait donc deux lignes droites différentes ; ce qui est impossible (axiome 6) : donc d'un point pris hors d'une droite, etc.

THÉORÈME III.

Si l'on mène d'un point à une droite une perpendiculaire et des obliques,
La perpendiculaire est plus courte que toute oblique ;
Deux obliques également écartées de la perpendiculaire sont égales ;
Et, de deux obliques, celle qui s'écarte le plus est la plus longue.

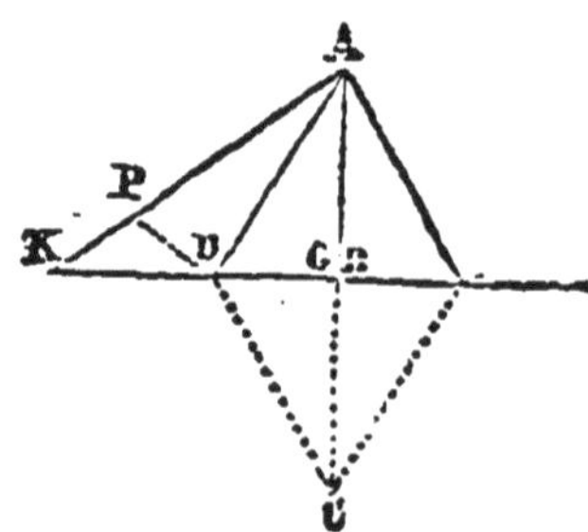

Soient la perpendiculaire AB et l'oblique AD partant du point A,

1° Je dis qu'on aura AB < AD.

Prolongeons AB d'une grandeur égale BC, et faisons tourner la figure BAD autour de DB, comme charnière, pour l'appliquer sur la partie inférieure : AB prendra la direction de BC, et AD la direction de DC; mais ABC est une ligne droite plus courte que la ligne brisée ADC (définitions, page 8, n° 13); donc $\frac{1}{2}$ de ABC < $\frac{1}{2}$ de ACD, c'est-à-dire que AB < AD.

COROLLAIRE. La perpendiculaire mesure la vraie distance d'un point à une droite.

2° Les obliques qui s'écartent également du pied de la perpendiculaire sont égales (AO = AD).

Faisons tourner la figure ABO autour de AB, comme charnière, pour l'appliquer sur la partie gauche; les angles B et G étant droits, BO tombera sur BD, le point O sur le point D, et l'oblique AO sur l'oblique AD, car elles auront les mêmes extrémités; elles sont donc égales (axiome 6).

COROLLAIRE. Il suit de là que les deux obliques égales font avec la ligne BO des angles égaux.

3° L'oblique qui s'écarte le plus de la perpendiculaire est la plus longue (AK > AD).

Car du point D élevons DP perpendiculaire à AE; AP sera une oblique relativement à AD, et sera plus grande. Or, AP n'est qu'une partie de AK, à plus forte raison AK > AD (axiome 1).

THÉORÈME IV.

Tout point de la perpendiculaire élevée sur le milieu d'une droite est également distant des extrémités de cette droite.

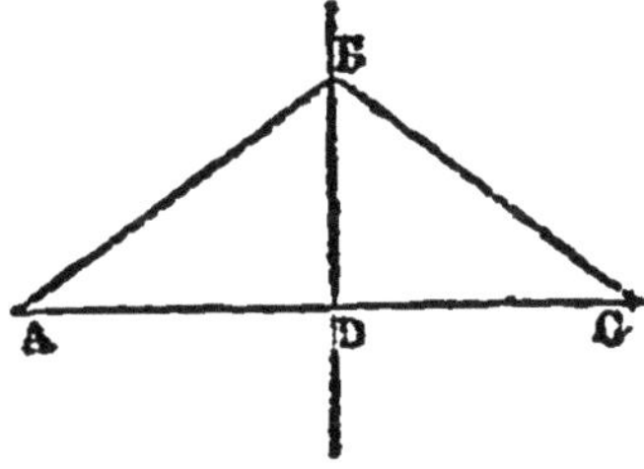

Soit le point B pris dans la perpendiculaire AD élevée au milieu de AC. Menons les droites BA, BC ; elles seront

égales, car elles s'écartent également du pied d'une perpendiculaire : donc le point B est également distant des extrémités AC.

On peut dire aussi que tout point également distant des extrémités d'une droite appartient à la perpendiculaire élevée sur le milieu de cette droite.

THÉORÈME V.

Si une droite a deux de ses points à égale distance des extrémités d'une autre droite, la première droite est perpendiculaire sur le milieu de la seconde.

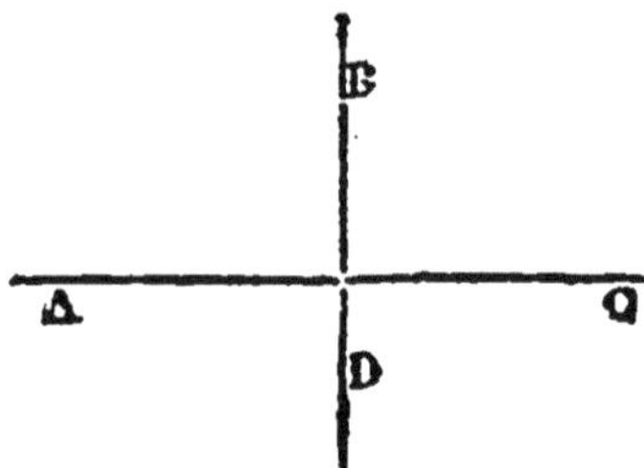

Car si le point B est également distant des extrémités de la ligne AC, il appartient à la perpendiculaire élevée sur le milieu de cette ligne (théor. précédent); il en est de même du point D; et comme deux points suffisent pour déterminer la direction d'une droite, BD est donc perpendiculaire sur le milieu de AC.

THÉORÈME VI.

Chaque point d'une droite qui divise un angle en deux parties égales est à égale distance des côtés de cet angle.

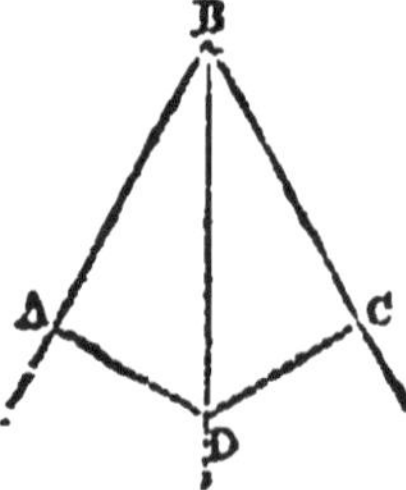

Du point D, pris dans la droite qui divise l'angle ABC

en deux parties égales, menons les perpendiculaires DC, DA; elles mesurent la distance de D aux deux côtés de l'angle (théor. 3, perpend.). Plions la figure BDC sur BAD, en prenant la ligne BD comme charnière. L'angle B étant divisé en deux angles égaux, BC s'appliquera sur AB; je dis de plus que DC couvrira DA, car, s'il en était autrement, il faudrait que d'un point D on pût abaisser deux perpendiculaires sur une même droite, ce qui est impossible (théor. 2, perpend.), donc DC = DA.

Note. La droite qui divise un angle en deux parties égales se nomme une *bissectrice*.

PARALLÈLES.

Théorème I.

Deux parties de parallèles comprises entre deux autres parallèles sont égales.

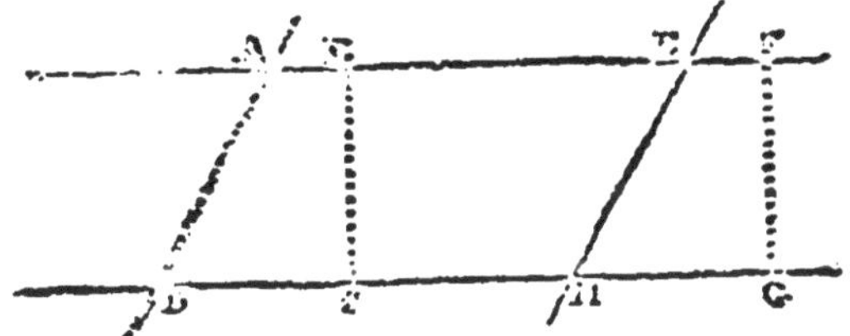

Soient les parallèles AE, DH, et AD, EH.

A droite des points A et E, prenez les longueurs AB et EF égales entre elles; des points B et F abaissez les perpendiculaires BC et FG; elles seront égales entre elles, comme mesurant la distance des parallèles AE, DH.

Appliquez la figure EFGH sur ABCD, EF sur AB, FG sur BC; GH prendra la direction de CD, puisque les angles FGH et BCD sont droits, et le point H tombera quelque part sur CD; EH prendra la direction de AD, puisque les angles FEH et BAD sont égaux, et le point H tombera quelque part sur AD.

Mais le point H, devant tomber sur CD et sur AD, ne peut tomber qu'au point de leur rencontre; les droites EH et AD auront donc les mêmes extrémités, elles seront donc égales (axiome 6); ce qu'il fallait démontrer.

Théorème II.

Deux droites, l'une perpendiculaire, l'autre oblique sur une troisième droite, se rencontrent si on les prolonge suffisamment.

Le géomètre Euclide rangeait cette proposition au nombre des axiomes. Nous ferons de même, les géomètres modernes n'en donnant pas une démonstration satisfaisante.

Théorème III.

Deux droites perpendiculaires à une troisième sont parallèles.

Car si elles pouvaient se rencontrer en un point, c'est qu'on pourrait, d'un même point, abaisser sur une droite deux perpendiculaires, ce qui est impossible (théor. 2, perpend.).

Théorème IV.

Quand deux droites sont parallèles, une ligne perpendiculaire à l'une est aussi perpendiculaire à l'autre.

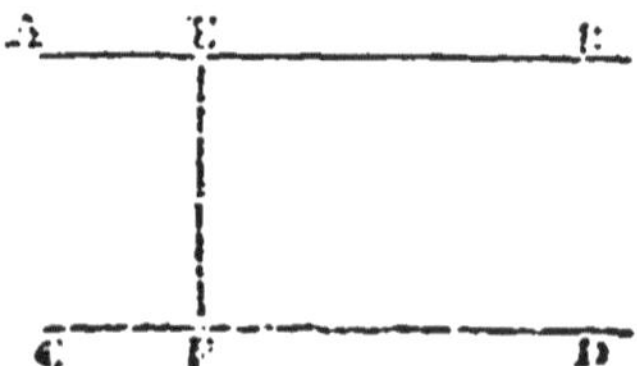

Je dis que, si AB et CD sont parallèles, EF perpendiculaire sur AB est aussi perpendiculaire sur CD.

Rappelons d'abord que, si EF est perpendiculaire sur AB, AB est perpendiculaire sur EF (théor. 1er, perpend.).

Mais si CD n'est pas aussi perpendiculaire sur EF, elle sera oblique; or, si elle est oblique, elle rencontre AB prolongée (théor. 2, parallèles); et nous avons supposé que AB et CD sont parallèles; elles ne peuvent donc pas se rencontrer, donc EF est perpendiculaire sur les deux parallèles.

THÉORÈME V.

Deux droites parallèles à une troisième sont parallèles entre elles.

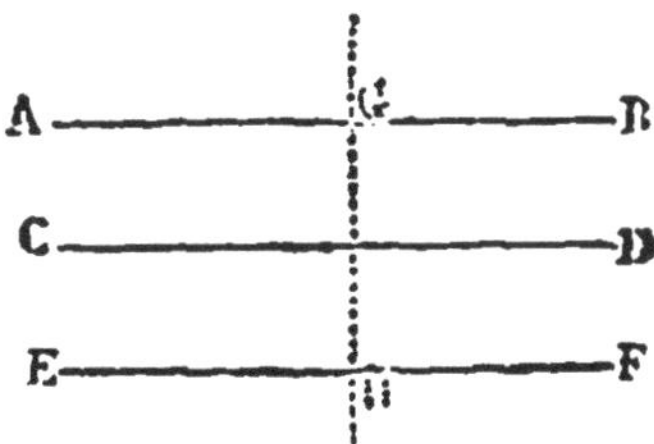

Soient AB et CD parallèles a EF.

Menez sur EF la perpendicaire GH.

Puisque AB est parallèle à EF, la droite GH sera perpendiculaire à AB, comme à EF (théor. précédent); et puisque CD est parallèle à EF, la droite GH sera perpendiculaire à CD comme à EF; d'où l'on voit que GH est perpendiculaire à AB et à CD, par conséquent AB et CD sont perpendiculaires à GH : elles sont donc parallèles (théor. 3, parall., page 151).

THÉORÈME VI.

Les perpendiculaires élevées sur deux droites qui se coupent se rencontrent.

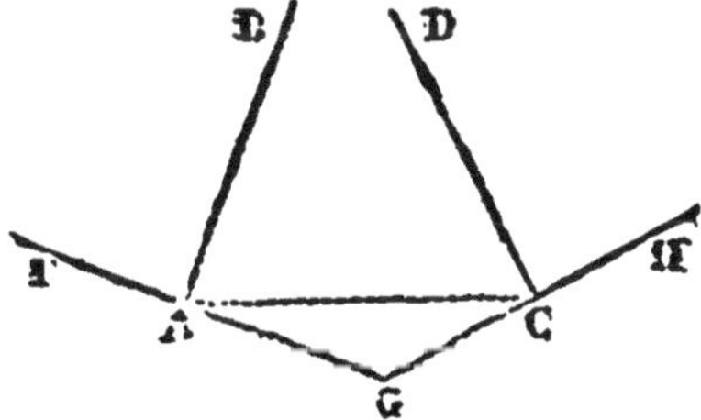

Je dis que les perpendiculaires BA, DC, élevées sur les droites FG, GH, qui se coupent au point G, se rencontreront.

Joignons par une droite AC les pieds des deux perpendiculaires; il est évident que cette droite fera avec les perpendiculaires deux angles intérieurs BAC, DCA, plus petits que les angles droits BAG, DCG. Or, nous avons vu (théor. 2, parall.) qu'il suffit qu'un des deux angles intérieurs formés par deux droites tombant sur une autre soit plus petit qu'un angle droit pour que les deux lignes se rencontrent; donc, à plus forte raison, doivent-elles se rencontrer quand les angles intérieurs sont plus petits chacun qu'un angle droit.

Théorème VII.

Par un point donné hors d'une droite, on ne peut mener qu'une parallèle à cette droite.

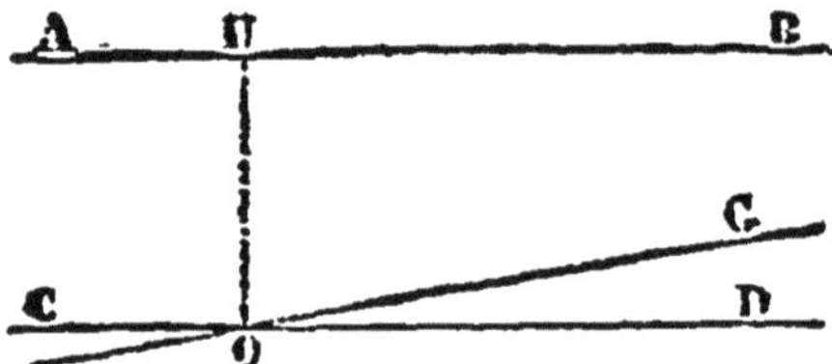

Soit le point O donné hors de la droite AB.

Du point donné O, tirez une perpendiculaire OH sur AB, et élevez ensuite CD également perpendiculaire à OH; les deux droites OD, HB seront parallèles (théor. 3, parall.); or, toute autre ligne OG, passant par le point O, sera oblique à OH (théor. 1 *bis*, perpend.), et, par conséquent, ne sera pas parallèle à AB (théor. 2, parall., page 151).

TRIANGLES.

Théorème I.

Dans tout triangle, chaque côté est plus petit que la somme des deux autres et plus grand que leur différence.

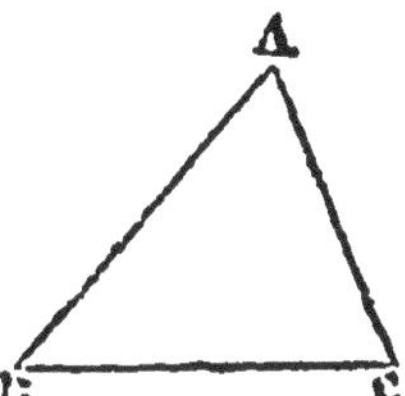

Soit le triangle ABC.

1° Si BC était plus grand que BA + AC, ces deux dernières lignes ne pourraient pas former de sommet au-dessus de BC, et il n'y aurait pas de triangle.

2° Si BC était plus petit que la différence de BA à AC, ou égal à cette différence, BC et AC ne pourraient pas former de sommet au-dessus de BA, et il n'y aurait pas non plus de triangle dans ce cas.

Théorème II.

Deux triangles sont égaux lorsqu'ils ont les trois côtés égaux chacun à chacun.

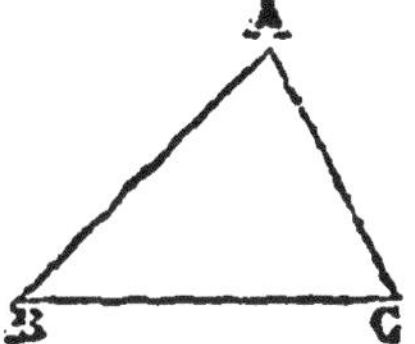

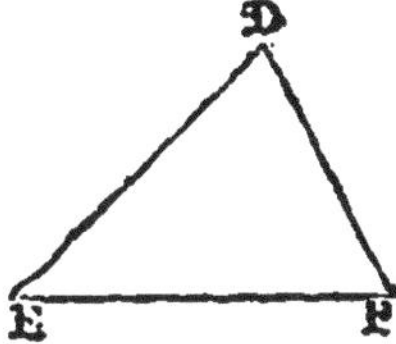

Je dis que les deux triangles ABC, DEF sont égaux, si les trois côtés de l'un sont égaux aux trois côtés de l'autre.

Portez le triangle ABC sur le triangle DEF, de manière que BC couvre EF ; je dis que BA couvrira ED, et que CA couvrira FD; car, pour qu'il en fût autrement, pour que BA, par exemple, ne tombât pas sur ED, il faudrait que AC ne fût pas égal à DF ; or, ces deux lignes sont égales : donc

BA couvrira ED, donc le triangle ABC couvrira exactement le triangle DEF.

Remarque. Dans deux triangles égaux, les angles égaux sont opposés à des côtés égaux.

THÉORÈME III.

Deux triangles sont égaux quand ils ont un côté égal adjacent à deux angles égaux chacun à chacun.

(Voir la figure du théorème précédent.)

Soit BC = EF, et les angles B et C égaux aux angles E et F.

Portez le triangle ABC sur le triangle DEF, de manière que BC couvre EF. L'angle B étant égal à l'angle E, BA prendra la direction de ED, et l'angle C étant égal à l'angle F, CA prendra la direction de FD; mais le point A, devant être en même temps sur ED et sur FD, devra tomber à l'endroit où ces deux lignes se rencontrent, c'est-à-dire sur le point D, et les deux triangles se confondront.

THÉORÈME IV.

Deux triangles sont égaux quand ils ont un angle égal compris entre deux côtés égaux chacun à chacun.

(Voir la figure du théorème 2.)

Soit l'angle B = E, et les deux côtés BA, BC égaux aux deux côtés ED, EF.

Portez le triangle ABC sur le triangle DEF, de manière que l'angle B couvre l'angle E, c'est-à-dire que le point B se confonde avec E, et que le côté BA prenne la direction de ED, et le côté BC, la direction de EF.

Les côtés de l'angle B étant égaux aux côtés de l'angle E, les points A et C tomberont sur D et F, et AC s'appliquera sur DE; enfin le triangle ABC couvrira exactement le triangle DEF; ils sont donc égaux.

Théorème V

Deux triangles rectangles sont égaux lorsqu'ils ont l'hypoténuse égale et un autre côté égal.

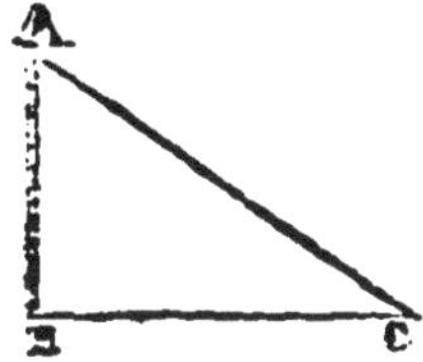

Soient les deux triangles rectangles ABC, DEF, dans lesquels nous supposons que AC = DF, et AB = DE.

Appliquons le triangle ABC sur DEF, de manière que AB tombe sur DE; BC prendra la direction de EF, puisque les angles B et E sont droits; C, extrémité de l'oblique AC, tombera sur un des points de EF; mais les deux obliques AC, DE, sont égales, elles doivent donc se confondre, et le point C doit tomber sur F : les deux triangles sont donc égaux.

Théorème V *bis*.

Dans un triangle isocèle, les angles opposés aux côtés égaux sont égaux.

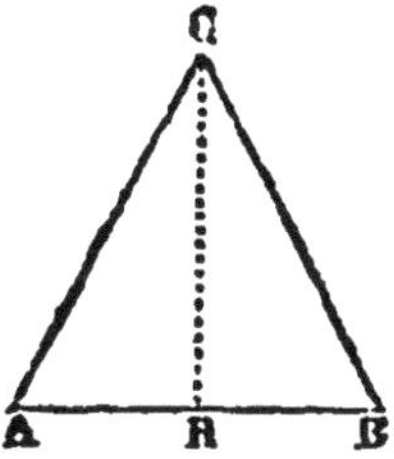

Je dis que si, dans le triangle ABC, le côté AC = CB, les angles A, B seront égaux.

En effet, abaissons du sommet C, au milieu de la base, la ligne CH. Les deux triangles ACH, BCH seront égaux, car ils auront les trois côtés égaux chacun à chacun, donc l'angle A = B, comme opposés à des côtés égaux (théor. 2, triangles).

Corollaire. Les trois angles d'un triangle équilatéral sont égaux.

Remarque. La ligne menée du sommet d'un triangle isocèle au milieu de sa base est perpendiculaire à cette base, car elle y forme deux angles adjacents égaux, comme opposés à des côtés égaux dans les triangles ACH, BCH.

Réciproquement. Si deux angles d'un triangle sont égaux les côtés qui leur sont opposés sont aussi égaux.

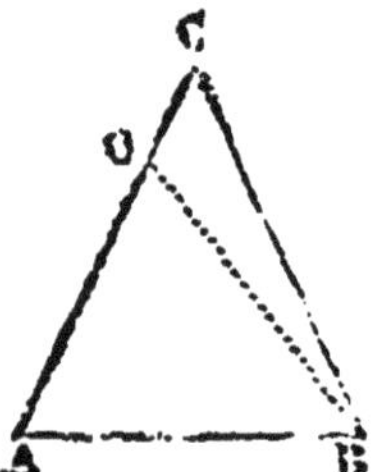

Soit l'angle CAB = CBA, je dis que le côté CB = CA.

Car si CB n'égale pas CA, soit CA le plus grand; prenons sur cette ligne une grandeur AO = CB, et menons la ligne OB.

L'angle OAB = CBA; les côtés OA, AB = CB, BA, donc le triangle OAB = CBA (théor. 4, triangles); mais la partie n'est pas égale au tout : donc les côtés CA, CB ne sont point inégaux.

Théorème VI.

Tout triangle est la moitié d'un parallélogramme de même base et de même hauteur.

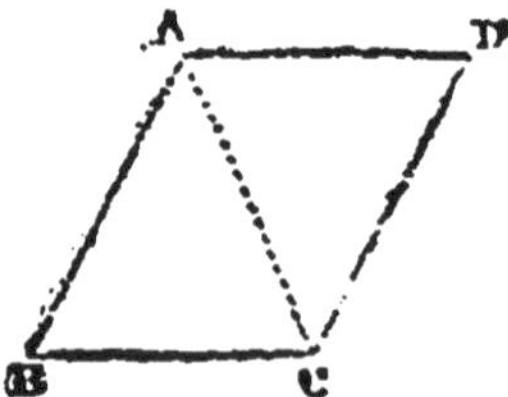

Soit donné le parallélogramme ABCD, je dis que le triangle ABC est la moitié de ce parallélogramme.

Car le triangle ABC = ADC. En effet, AB = DC comme côtés opposés d'un parallélogramme; par la même raison BC = AD; et le troisième côté AC est commun aux deux triangles. Les deux triangles ont donc les trois côtés égaux chacun à chacun; ils sont donc égaux (théor. 2, triang.); donc chacun des deux triangles est la moitié du parallélogramme.

THÉORÈME VII.

Le carré construit sur l'hypoténuse d'un triangle rectangle équivaut à la somme des carrés construits sur les deux autres côtés.

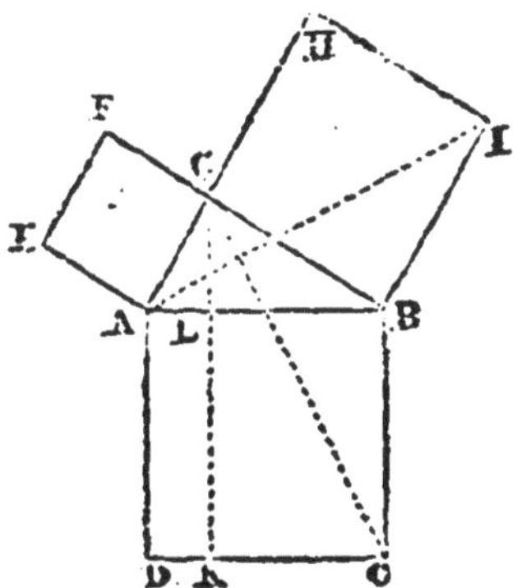

Je dis que le carré construit sur l'hypoténuse AB équivaut aux carrés construits sur les côtés AG, GB de l'angle droit AGB.

Du point G, sommet de l'angle droit, abaissons la perpendiculaire GK, et menons les diagonales GC, AI. Nous aurons les triangles ABI et CBG égaux entre eux, car ils auront un angle égal compris entre deux cotés égaux chacun à chacun (théor. 4, triang.). En effet, l'angle ABI se compose d'un angle droit GBI, plus de l'angle aigu GBA, et l'angle CBG se compose de l'angle droit CBA et du même angle aigu GBA; de plus, les côtés qui comprennent ces angles égaux sont égaux chacun à chacun, comme côtés des mêmes carrés, car BC = BA, et BG = BI.

Mais le triangle CBG, qui a même base CB et même hauteur BL que le rectangle CBLK, en vaut la moitié (théor. précédent); et le triangle ABI, ayant même base BI et même hauteur BG que le carré IBGH, en vaut également la moitié; or, nous venons de voir que ces deux triangles sont égaux, les deux figures dont ils sont les moitiés présentent donc des superficies équivalentes; donc le rectangle CBLK est équivalent au carré IBGH.

On prouverait de même que le rectangle ALKD est équivalent au carré AGFE; la somme des deux rectangles, c'est-à-dire le carré de l'hypoténuse est donc équivalent aux deux autres carrés réunis.

Remarque. Si le triangle rectangle était en même temps isocèle, le carré de l'hypoténuse vaudrait le double d'un carré construit sur un côté de l'angle droit.

PROBLÈMES. I. Trouver la grandeur du côté d'un carré équivalent à la somme de deux autres carrés, ayant l'un 15 mètres de côté et l'autre 23 mètres.

II. Un carré ayant 48 mètres de côté, et un autre en ayant 79, on demande quelle est la grandeur du côté d'un carré équivalent à la grandeur des deux autres.

III. Un champ de la forme d'un triangle rectangle a 142 mètres 5 décimètres de longueur à l'hypoténuse, et 94 mètres 3 décimètres dans un côté de l'angle droit : trouver la grandeur de l'autre côté.

IV. Quelle serait la grandeur du côté d'un carré double en superficie d'un autre carré qui a 2 mètres 75 centimètres de côté?

V. Dites quelle est la grandeur de la diagonale d'un carré qui a 28 mètres carrés, 46 décimètres carrés, 28 centimètres carrés dans sa superficie.

VI. On demande quelle sera la longueur du côté d'un carré moitié en superficie d'un autre côté qui a 33 mètres 82 centimètres de côté.

VII. Trouver la superficie d'un carré dont la diagonale a 58 mètres 36 centimètres.

VIII. Une fenêtre étant placée à 11 mètres 44 centimètres du sol, et le pied d'une échelle à employer pour y atteindre ne pouvant être placé qu'à 4 mètres du mur, dites quelle doit être la longueur de cette échelle.

IX. Les côtés d'un triangle ayant les longueurs suivantes : 7 mètres, 11 mètres, 18 mètres, on demande si ce triangle est rectangle.

X. Sachant que le côté d'un triangle équilatéral est de 12 mètres 24 centimètres, trouver la superficie de ce triangle.

XI. La diagonale d'une chambre carrée a 6 mètres 44 centimètres; trouver la grandeur d'un côté de cette chambre.

XII. On demande quelle est la hauteur d'un triangle

isocèle dont la base a 18 mètres 8 décimètres, et les côtés égaux chacun 25 mètres.

XIII. Quelle est la superficie d'un bassin représentant la forme d'un hexagone régulier, dont chaque côté a 14 mètres 36 centimètres ?

XIV. Lorsqu'un carré a 33 mètres 4 décimètres de côté, quelle est la longueur de sa diagonale ?

XV. La base d'un rectangle a 24 mètres et la diagonale 42 mètres : on demande la superficie de ce rectangle.

PARALLÉLOGRAMMES.

Théorème I.

Quand les côtés opposés d'un quadrilatère sont égaux, ces côtés sont parallèles.

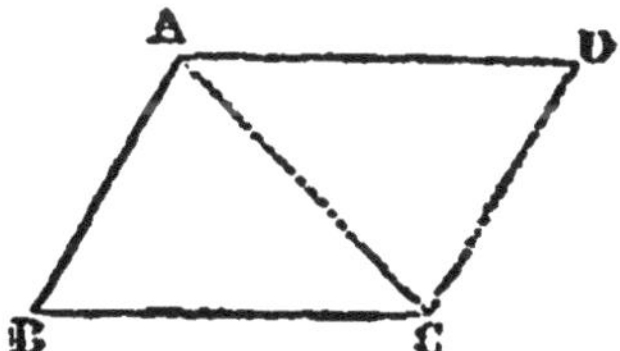

Soit le quadrilatère ABCD, dans lequel AB = DC, et AD = BC.

Tirez la diagonale AC.

Le triangle ABC = CDA (théor. 2, triang.), leurs angles sont donc égaux chacun à chacun, ainsi l'angle DAC = ACB comme opposés à des côtés égaux, ce qui nécessite le parallélisme des lignes AD et BC (théor. 3, angles). On prouverait de même que AB est parallèle à DC.

Note. Voir aussi le théorème 3, pour justifier plusieurs constructions géométriques enseignées pages 72 et 73.

Théorème II.

Deux parallélogrammes quelconques de même base et de même hauteur sont équivalents.

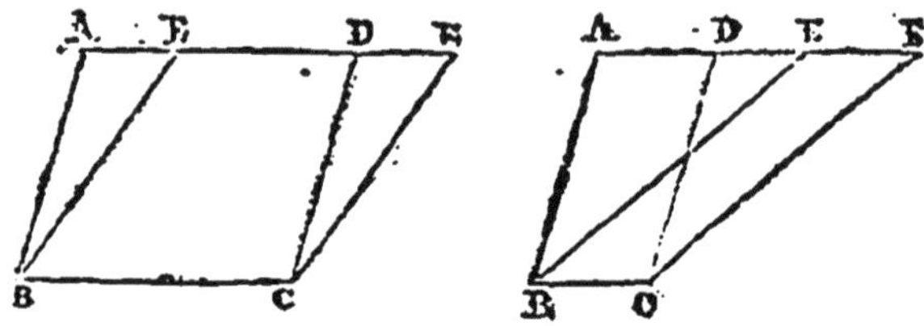

Je dis que le parallélogramme ABCD est équivalent au parallélogramme EBCF, ayant même base et même hauteur.

Il suffit de prouver que le triangle ABE = DCF.

D'abord AB = DC comme côtés opposés d'un parallélogramme; BE = CF par la même raison. Mais puisque les deux parallélogrammes ont même base, AD = EF; et si de ces deux dernières quantités, on retranche, ou bien, si, au contraire, on ajoute à chacune d'elles une quantité commune ED, les deux restes seront égaux, ou bien les deux sommes seront égales, c'est-à-dire que AE = DF. Donc les deux triangles ABE, DCF sont égaux entre eux, comme ayant les trois côtés égaux chacun à chacun; or, si de la figure totale ABCF on retranche alternativement les deux triangles égaux, les deux restes seront égaux, c'est-à-dire que le parallélogramme ABCD est équivalent au parallélogramme EBCF.

Corollaire. Deux triangles de même base et de même hauteur sont équivalents, car ils sont les moitiés de parallélogrammes de même base et de même hauteur (théor. 6, triang., page 157).

Théorème III.

Dans un parallélogramme les deux diagonales se coupent réciproquement en deux parties égales.

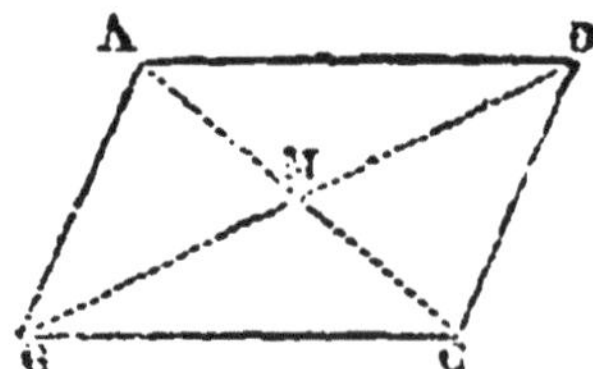

Je dis que, dans le parallélogramme ABCD, la diagonale AC coupe DB en deux parties égales, et que DB coupe AC aussi en deux parties égales.

En effet, dans les deux triangles AMD, BMC, l'angle CAD = ACB comme alternes-internes, et l'angle ADB = DBC aussi comme alternes-internes; d'ailleurs, AD = BC comme côtés opposés d'un parallélogramme : les deux triangles sont donc égaux, comme ayant un côté égal adjacent à deux angles égaux : ils ont donc les trois côtés égaux chacun à chacun; AM = MC et BM = MD, le point M est donc le milieu des deux diagonales.

Remarque. Les deux diagonales d'un rectangle sont égales entre elles; il en est de même des deux diagonales d'un carré, car chaque diagonale du rectangle ou du carré divise cette figure en deux triangles rectangles égaux entre eux, et dont les hypoténuses sont égales. On conçoit d'après cela que le point de rencontre des diagonales est à égale distance des quatre sommets.

Remarque. Les deux diagonales d'un carré et d'un losange sont perpendiculaires entre elles, et divisent chacune de ces figures en quatre triangles rectangles égaux entre eux, car le point de leur rencontre étant le milieu de chaque diagonale, et les côtés de ces figures étant égaux entre eux, on conçoit que les quatre triangles formés dans chacune d'elles sont égaux, puisqu'ils ont les trois côtés égaux chacun à chacun; et les angles situés autour du point où se réunissent leurs sommets sont égaux entre eux : ils sont donc droits.

CERCLE.

Théorème I.

Tous les rayons d'un même cercle sont égaux entre eux Tous les diamètres d'un même cercle sont égaux entre eux.

En effet, les rayons mesurent la distance du centre à la circonférence; or, on sait que tous les points de la circonférence sont à égale distance du centre : donc tous les rayons d'un cercle sont égaux entre eux.

Et quant aux diamètres, chacun se compose de deux rayons opposés : les diamètres d'un cercle sont donc égaux entre eux.

Théorème II.

Tout diamètre divise le cercle et sa circonférence en deux parties égales.

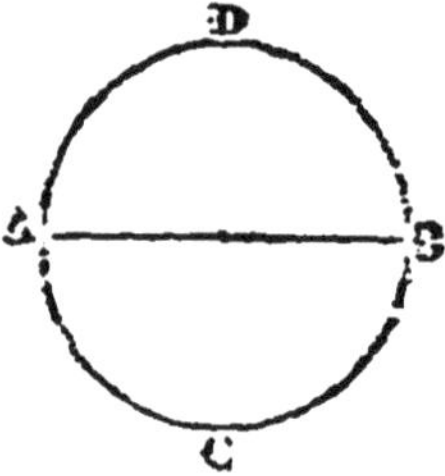

Je dis que le diamètre AB divise le cercle ABCD en deux parties égales.

Portons la figure ACB sur ADB, en conservant AB pour base. La courbe ACB s'appliquera sur ADB, autrement il y aurait dans l'une ou dans l'autre de ces courbes des points inégalement distants du centre, et la figure ne serait pas un cercle ; donc tout diamètre divise, etc.

THÉORÈME III.

Une corde, dans un cercle, est toujours plus petite que le diamètre.

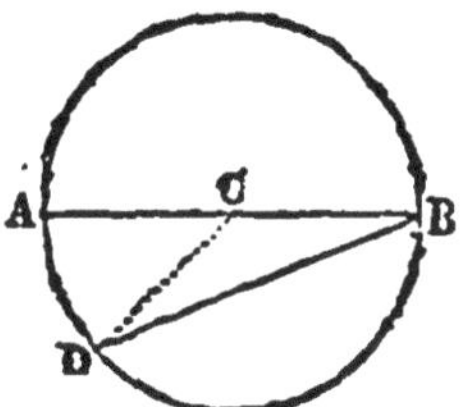

Soit la corde DB et le diamètre AB.

Menons le rayon CD. Nous aurons DB < DC + CB; or, DC + CB = AB : donc DB < AB.

THÉORÈME IV.

La perpendiculaire élevée à l'extrémité d'un rayon est tangente à la circonférence.

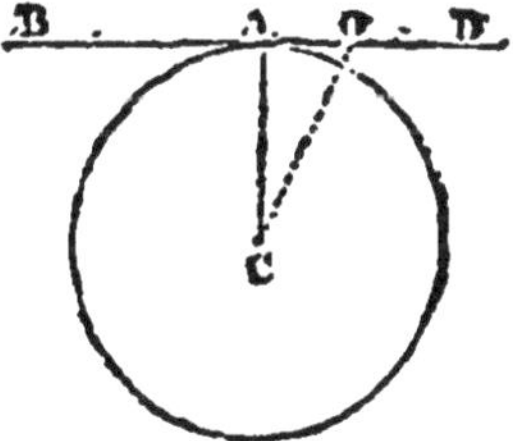

Je dis que la ligne BD, perpendiculaire au rayon CA, est une tangente.

Car une oblique quelconque, CO, par exemple, est plus longue que la perpendiculaire CA (théor. 3, perp.); le point O est donc hors du cercle : donc la perpendiculaire BD n'a qu'un point de contact avec le cercle; elle est donc tangente.

THÉORÈME IV *bis.*

Les cordes égales d'un même cercle sous-tendent des arcs égaux.

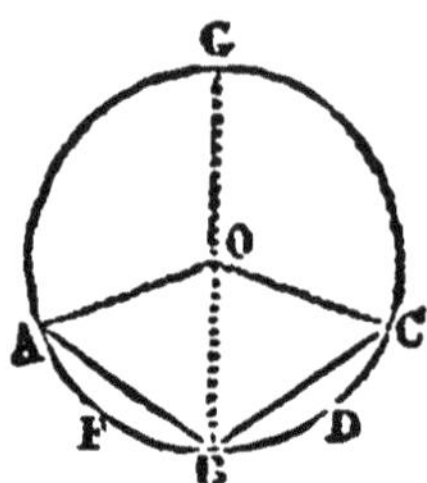

Soit la corde BC égale à la corde BA, je dis que l'arc BDC égale l'arc BFA.

Tracez le diamètre GB et les deux rayons OA, OC, puis faites tourner la figure GCB sur GB comme charnière, pour la porter vers GAB. Les deux triangles OBC, OBA étant égaux, puisqu'ils ont leurs côtés égaux chacun à chacun, et par conséquent leurs angles égaux, le côté BC s'appliquera sur BA, le couvrira exactement, et le point C tombera sur A; mais alors tous les points de l'arc BDC devront tomber sur l'arc BFA, car, s'il en était autrement, les deux arcs n'auraient pas tous leurs points également éloignés du centre O.

THÉORÈME V.

Toute perpendiculaire élevée sur le milieu d'une corde passe par le centre du cercle et par le milieu de l'arc sous-tendu par cette corde.

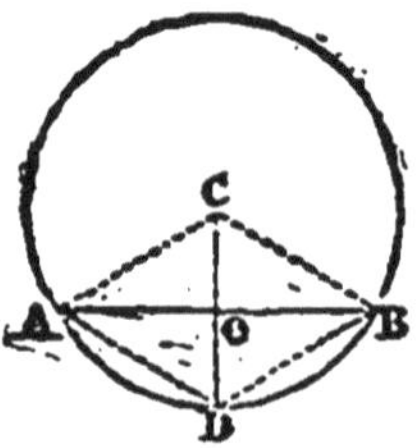

Je dis que la perpendiculaire CD sur le milieu de la corde AB passe par le centre du cercle et par le milieu de l'arc ADB.

En effet, CD étant perpendiculaire sur le milieu de AB, le point C, pris dans cette perpendiculaire, est également distant des extrémités de AB (théor. 4, perp.); le point D, pris encore dans la perpendiculaire, est aussi à égale distance de A et de B; les deux cordes AD, DB sont donc égales; par conséquent, elles sous-tendent des arcs égaux (théor. précéd.), et le point D est le milieu du grand arc ADB.

Donc toute perpendiculaire élevée sur le milieu d'une corde, etc.

Théorème VI.

Deux parallèles sécantes interceptent, sur la circonférence, des arcs égaux.

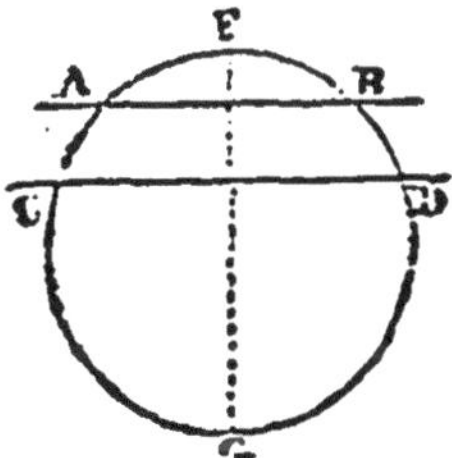

Je dis que les parallèles AB, CD, interceptent, sur la circonférence, des arcs égaux AC, BD.

Menez le diamètre FG perpendiculaire à AB, il sera aussi perpendiculaire à CD (théor. 4, parall.), et le point F sera le milieu de l'arc CFD et de l'arc AFB (théor. 5, cercle); ce qui donnera :

$$FC = FD,$$

et

$$FA = FB;$$

mais, si de deux quantités égales on retranche des quantités égales, les restes seront égaux (axiome 4);

donc

$$FC - FA = FD - FB,$$

c'est-à-dire

$$AC = BD.$$

THÉORÈME VI-*bis*.

Tout angle inscrit a pour mesure la moitié de l'arc compris entre ses côtés.

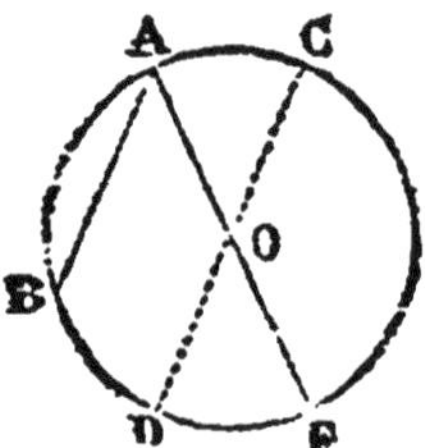

Supposons d'abord qu'un des deux côtés de l'angle soit un diamètre; je dis que l'angle BAF a pour mesure la moitié de l'arc BDF.

Menons le diamètre CD parallèle au côté AB; on aura l'angle au centre DOF = l'angle A comme correspondants; et l'arc DF, mesure de l'angle DOF, sera aussi la mesure de l'angle donné BAF. Mais il faut faire voir que DF est la moitié de BDF. Remarquons que DOF = AOC comme opposés au sommet, donc ces deux angles ont même mesure, et l'arc AC = arc DF : mais les deux lignes AB, CD étant parallèles, l'arc AC = arc BD (théor. précéd.); par conséquent, BD = DF, et DF est la moitié de BDF. La mesure de l'angle BAF est donc la moitié de l'arc BDF.

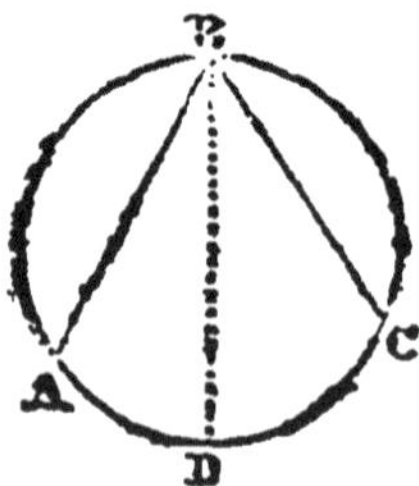

Si l'angle inscrit est formé par deux cordes AB, BC, on mène le diamètre BD, qui divise l'angle donné en deux autres angles, ayant chacun pour mesure la moitié de l'arc compris entre ses côtés : l'angle total ABC a donc pour mesure la moitié de AD, plus la moitié de DC, c'est-à-dire la moitié de ADC.

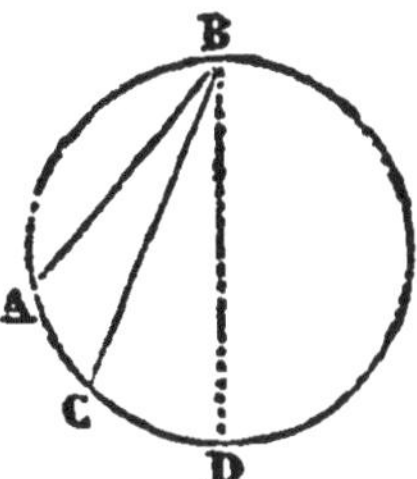

Si le centre du cercle n'est pas compris entre les deux cordes, l'angle aura encore pour mesure la moitié de l'arc compris entre ses côtés, car, après avoir mené le diamètre BD, nous verrons que l'angle ABD a pour mesure moitié de l'arc ACD, et l'angle CBD moitié de l'arc CD : l'angle ABC a donc pour mesure la moitié de l'arc AC.

COROLLAIRES. I. L'angle inscrit dans un demi-cercle est un angle droit, car il a pour mesure la moitié d'une demi-circonférence.

II. Tous les angles inscrits dans un même segment sont égaux entre eux.

THÉORÈME VII.

Par trois points donnés, non en ligne droite, on peut toujours faire passer une circonférence.

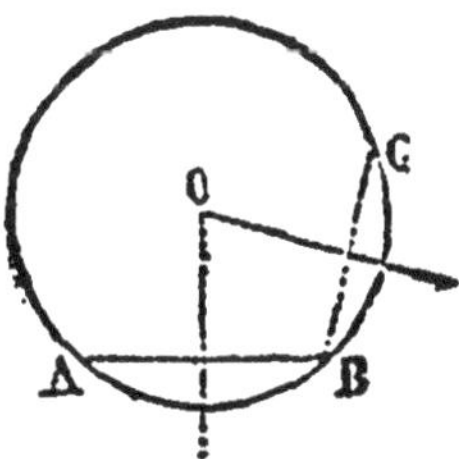

Soient donnés les trois points ABC.

Joignez par des droites AB et BC ; ces droites seront des cordes du cercle cherché. — La perpendiculaire sur le milieu de AB passera par le centre du cercle (théor, 5, cercle). La perpendiculaire sur le milieu de BC y passera également; or, ces deux perpendiculaires se rencontreront (théor. 6, parall.), et le point de leur rencontre sera le centre du cercle, puisque ce point doit être sur l'une et sur l'autre perpendiculaire.

D'ailleurs, les distances OA, OB, OC seront égales (théor. 4, perp.), puisque le point O est dans les perpendiculaires abaissées sur le milieu de ces lignes : donc la circonférence, ayant son centre en O, pourra passer par A, B, C.

Théorème VIII.

Le côté de l'hexagone régulier inscrit dans un cercle est égal au rayon de ce cercle.

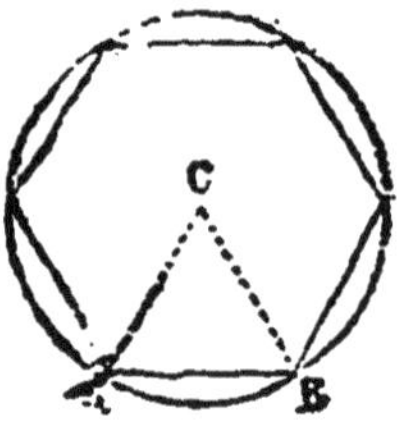

Soit AB le côté de l'hexagone régulier inscrit. Menez les deux rayons CA, CB. — L'angle au centre C a pour mesure l'arc AB, sixième d'une circonférence, c'est-à-dire 60 degrés, et il reste 120 degrés pour les angles A et B du triangle CAB (théor. 7, angles) ; mais les angles A et B sont égaux comme opposés à des côtés égaux (théor. 5 *bis*, triang.); ils ont chacun la moitié de 120 degrés, c'est-à-dire 60 degrés ; donc les trois angles sont égaux, et, par suite, le triangle est équilatéral (théor. 5 *bis*, triang.) ; le côté de l'hexagone régulier inscrit est donc égal au rayon.

Théorème.

Dans un même cercle, les arcs égaux sont sous-tendus par des cordes égales qui sont également distantes du centre.

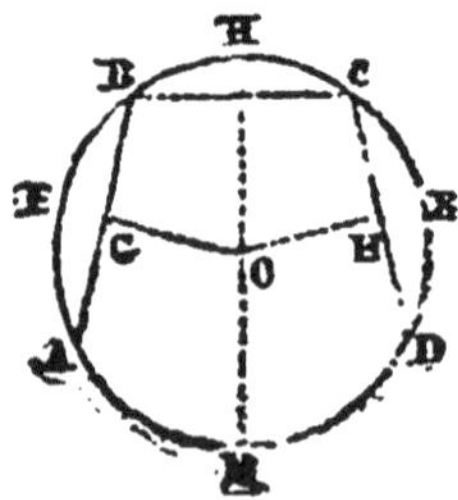

Soit l'arc CFD = BEA.

Traçons la corde BC, et au milieu le diamètre perpendiculaire HM, puis faisons tourner sur HM comme sur une charnière le demi-cercle HFM, et appliquons-le sur HEM. L'arc HC couvrira HB, et l'arc donné CFD s'appliquera sur son égal BEA. Les deux cordes CD, BA, auront donc les mêmes extrémités, elles seront donc égales.

Mais les perpendiculaires OH, OG, aboutissant au milieu de ces deux cordes, se confondront aussi, elles sont donc égales : les cordes égales sont donc également éloignées du centre.

Théorème X.

Tout polygone régulier peut être inscrit dans un cercle, et peut aussi lui être circonscrit.

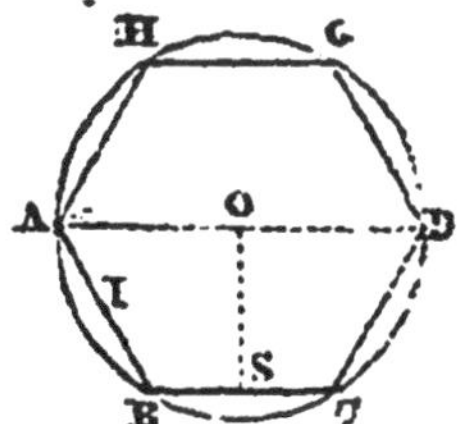

Soit le polygone ABCDGH.

Elevons les perpendiculaires OS, OI, sur les milieux de deux côtés. Je dis que ces perpendiculaires se rencontreront (théor. 6, parall.) en un point O également distant des trois sommets ABC et des autres sommets du polygone.

Traçons OA et OD; ces lignes doivent être égales. En effet, prenant OS comme charnière, appliquons le quadrilatère OSCD sur OSBA; SC tombera sur SD, à cause des deux angles droits formés au point S, et comme l'angle C = B, le côté CD couvrira son égal BA, et le point D tombant sur A, on aura donc OD = OA.

On démontrerait de même que les autres distances OG, OH sont égales à OA. La circonférence décrite avec le rayon OA passera donc par tous les sommets du polygone, qui sera alors inscrit dans cette circonférence.

Mais les côtés de ce polygone régulier inscrit sont des cordes égales, et par conséquent également éloignées du centre (théor. précéd.); si donc, avec la perpendiculaire

OS, on trace une autre circonférence, le polygone donné lui sera circonscrit.

LIGNES PROPORTIONNELLES.

Théorème I.

Quand des parallèles sont également distantes, elles coupent en parties égales toute droite qui les traverse

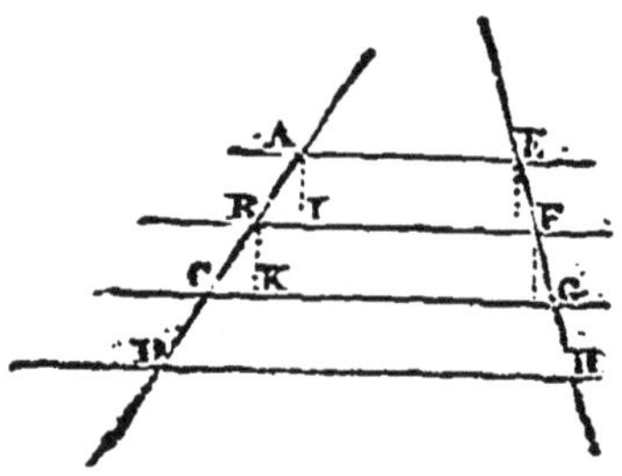

Je dis que, si les parallèles AE, BF, etc., sont également distantes, elles coupent en parties égales, en les rencontrant, les deux droites AD, EH, et qu'on aura AB = BC, et EF = FG.

Abaissons les perpendiculaires AI, BK, mesurant les distances entre les parallèles données; ces perpendiculaires seront égales, puisque les parallèles sont équidistantes, et les triangles rectangles ABI, BCK, seront égaux, car ils ont un côté égal et les angles égaux chacun à chacun; on aura donc AB = BC. On trouverait de même que EF = FG; ce qu'il fallait démontrer.

Théorème II.

La parallèle à la base d'un triangle divise les deux autres côtés en parties proportionnelles.

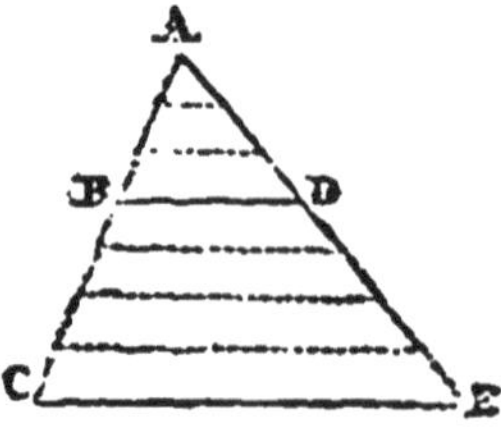

Soit le triangle ACE, dans lequel BD est parallèle à la

base CE, et supposons que le rapport de AB à BC soit le même que celui des nombres 3 et 4, c'est-à-dire que, AC étant partagé en 7 parties égales, AB contienne 3 de ces parties, et que BC en contienne 4.

Menons par les points de division de AC des parallèles à CE, elles partageront AE en parties égales (théor. précédent); AD contiendra 3 de ces parties, et DE en contiendra 4; le rapport de AD à DE sera donc le même que celui de AB à BC, et l'on aura la proportion

$$AB : BC :: AD : DE.$$

Mais AB contient 3 des 7 parties égales qui composent AC, de même que AD contient 3 des 7 parties égales de AE, donc on a aussi la proportion

$$AB : AC :: AD : AE,$$

et $$BC : AC :: DE : AE,$$

ou bien encore $$AC : AB :: AE : AD.$$

TRIANGLES SEMBLABLES.

Nous avons dit, page 15, que deux figures sont semblables quand elles représentent la même forme, mais avec des grandeurs différentes. Nous ajouterons ici que ces figures offrent ceci de remarquable : elles ont cette propriété que leurs angles sont égaux chacun à chacun, et leurs côtés homologues proportionnels.

Homologues se dit des côtés qui sont placés de la même manière dans les polygones semblables, c'est-à-dire qui sont opposés à des angles égaux.

Théorème I.

La parallèle au côté d'un triangle, dans son intérieur, limite un second triangle semblable au premier.

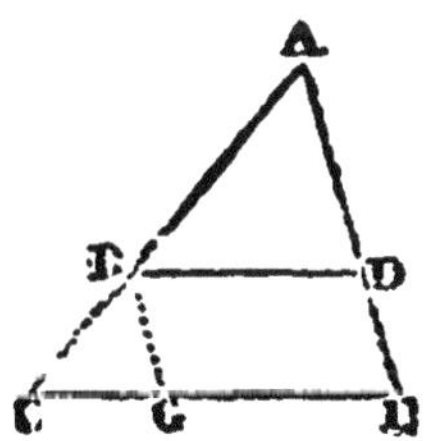

Soit le triangle ACE dans lequel BD est parallèle à CE : on a, d'après le théorème précédent,

AC : AB :: AE : AD.

Et si l'on mène BG parallèle à AE, on aura

AC : AB :: EC : EG.

Mais, comme BDEG est un parallélogramme dans lequel EG = BD, on a

AC : AB :: EC : DB ;

Et si nous observons que le premier rapport est le même dans ces diverses proportions, nous en conclurons que

AC : AB :: AE : AD :: EC : BD.

Enfin, nous observons que les angles ABD, ADB sont égaux aux angles C, E, comme correspondants : les triangles ACE, ABD sont donc équiangles, ils ont les côtés homologues proportionnels, et sont semblables.

Théorème II.

Deux triangles équiangles entre eux ont les côtés homologues proportionnels, et sont semblables.

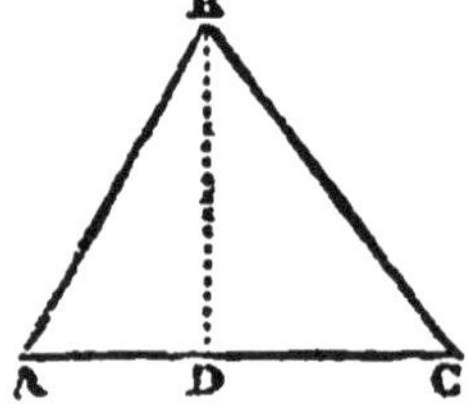

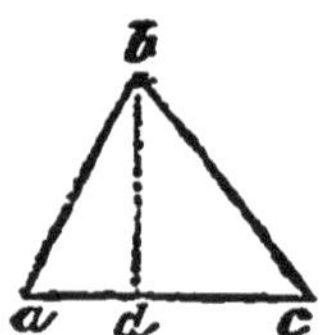

Admettons que, dans les deux triangles ci-dessus, l'angle A = a, B = b, C = c, je dis que dès lors les côtés sont proportionnels.

En effet, plaçons le triangle abc sur ABC, le sommet a sur A, et les côtés ab, ac sur AB, AC. Le triangle abc prendra la position de ADE, bc se confondra avec DE, qui sera parallèle à la base du grand triangle, puisque l'angle D = B, et l'angle E = C, comme correspondants : mais la parallèle à la base d'un triangle limite un second triangle semblable au premier. Les deux triangles donnés sont donc semblables, et leurs côtés homologues sont proportionnels, donc

$$AB : ab :: BC : bc :: CA : ca.$$

COROLLAIRE. Deux triangles sont semblables quand ils ont deux angles égaux chacun à chacun.

THÉORÈME III.

Deux triangles dont les côtés sont proportionnels sont équiangles entre eux et semblables.

(Voir la figure du théorème précédent.)
Si dans les deux triangles ci-dessus on a

$$AB : ab :: BC : bc :: CA : ca,$$

on aura aussi : angle $A = a$, $B = b$, $C = c$.

Plaçons le triangle *abc* sur ABC, le sommet *a* sur A; *ab* devenant AD, et *ac* devenant AE, DE sera parallèle à BC (théor., 2 ligne prop.), et l'on aura

$$AB : AD :: AC : AE;$$

Mais, DE étant parallèle à la base BC, on a

$$AB : AD :: AC : AE :: BC : DE;$$

et d'ailleurs $DE = bc$, car les deux points *b* et *c* sont tombés sur les points D, E, et le triangle $ADE = abc$, puisque leur côtés sont égaux chacun à chacun.

Or, ADE et ABC sont équiangles, donc *abc* et ABC sont également équiangles, et sont semblables.

Note. Il suffit, pour que deux triangles soient semblables, qu'ils aient les côtés homologues proportionnels, ou bien qu'ils soient équiangles; mais les deux conditions doivent se trouver réunies dans deux polygones de plus de trois côtés, pour qu'ils soient semblables. En effet, un carré et un rectangle, par exemple, sont équiangles et ne sont pas semblables.

THÉORÈME IV.

Deux triangles sont semblables quand ils ont un angle égal compris entre côtés proportionnels.

(Voir la figure du théorème 2.)

Admettons que, dans les deux triangles ABC, *abc*, l'angle A = *a*, et que l'on ait

$$AB : ab :: AC : ac.$$

Plaçons le triangle *abc* sur ABC, le point *a* sur le point A, *ab* dans la direction de AB, *ac* prendra celle de AC, et DE sera parallèle à BC, d'après la proportion donnée ci-dessus.

Les deux triangles ABC, ADE, sont donc semblables, et *abc* égal à ADE est également semblable à ABC.

THÉORÈME V.

Deux triangles sont semblables quand ils ont leurs côtés parallèles chacun à chacun.

(Voir la figure du théorème 2.)

En effet, nous avons vu (théor. 4, angles) que les angles à côtés parallèles, et dirigés dans le même sens, sont égaux; ces deux triangles sont donc équiangles, et par conséquent semblables (théor. 3, triang. semb., page 174).

THÉORÈME VI.

Deux triangles sont semblables quand ils ont leurs côtés perpendiculaires chacun à chacun.

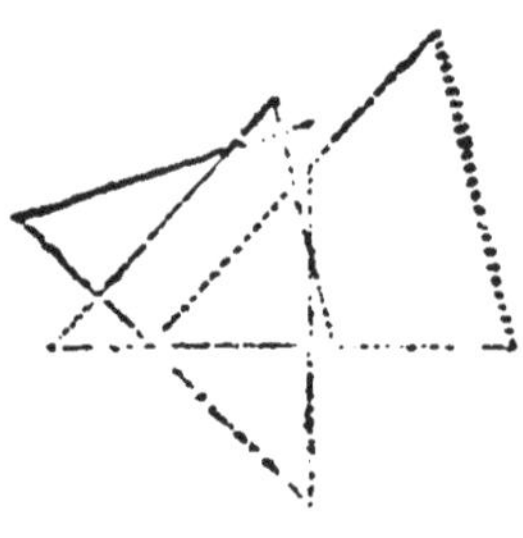

Car si l'on fait faire un quart de révolution à l'un de ces deux triangles, ses côtés deviendront parallèles à ceux du second : ces deux triangles sont donc semblales (théor. précédent).

Théorème VII.

Si dans un triangle rectangle, on abaisse du sommet de l'angle droit une perpendiculaire sur l'hypoténuse, cette perpendiculaire sera moyenne proportionnelle entre les deux segments de l'hypoténuse.

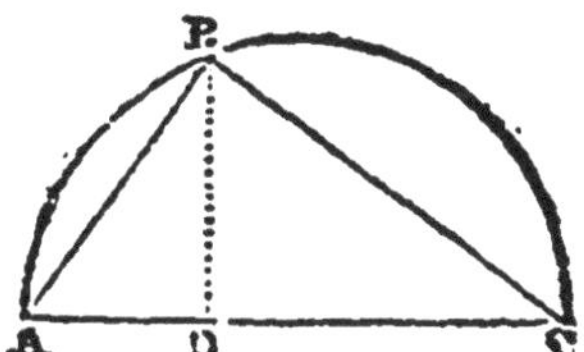

Soient le triangle rectangle ABC et la perpendiculaire BD.

Cette perpendiculaire divise le triangle donné en deux petits triangles rectangles semblables au grand, et par conséquent semblables entre eux, car ces trois triangles ont chacun un angle droit et un angle aigu commun (théor. 2, triang. sembl. coroll., page 174).

Et dans les deux petits triangles, la comparaison de leurs côtés homologues donne la proportion :

$$AD : DB :: DB : DC,$$

proportion dans laquelle on trouve

$$\overline{DB}^2 = AD \times DC.$$

La perpendiculaire DB est donc moyenne proportionnelle entre AD et DC.

Remarque. On sait que l'angle inscrit dans une demi-circonférence est un angle droit (théor. 6 *bis*, coroll., cercle). On peut donc regarder, dans le triangle ci-dessus, la ligne AC comme un diamètre, et le point B comme placé sur une demi-circonférence. De là on peut conclure que si, dans un cercle, on abaisse une perpendiculaire d'un point de la circonférence sur le diamètre, cette perpendiculaire est moyenne proportionnelle entre les deux segments du diamètre.

THÉORÈME VIII.

Les surfaces de deux triangles semblables sont entre elles comme les carrés de leurs côtés homologues.

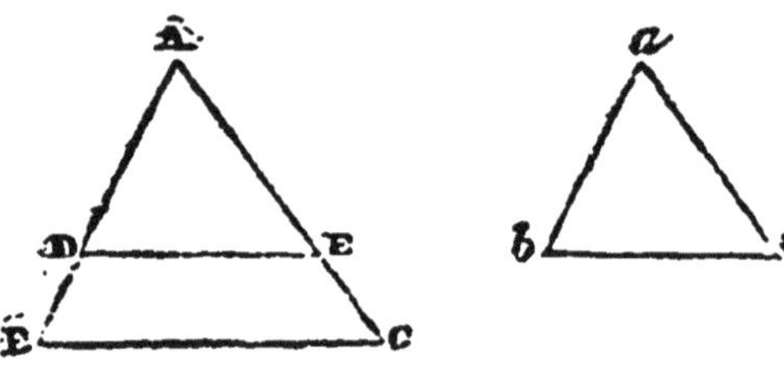

Soient les deux triangles semblables ABC et *abc*.
Les deux côtés homologues donneront la proportion :

$$\mathrm{AB} : ac :: \mathrm{AB} : ab.$$

Abaissons des sommets B, *b*, les perpendiculaires BD, *bd*, nous aurons les triangles ABD et *abd* semblables entre eux, comme ayant chacun un angle droit et l'angle $\mathrm{A} = a$ (théor. 2, coroll., triang. sembl.), et l'on aura la proportion :

$$\mathrm{BD} : bd :: \mathrm{AB} : ab.$$

Enfin, multiplions ces deux proportions l'une par l'autre, le premier terme de l'une par le premier terme de l'autre, etc., et divisons par 2 les termes du premier rapport, nous aurons :

$$\frac{\mathrm{AC} \times \mathrm{BD}}{2} : \frac{ac \times bd}{2} :: \overline{\mathrm{AB}}^2 : \overline{ab}^2.$$

Or, on voit que le premier terme exprime la surface du grand triangle, et que le second terme est celle du petit, et de plus que ces deux surfaces sont entre elles comme les carrés des deux côtés homologues AB et *ab* sont entre eux.

Il faut donc conclure de là que, dans deux triangles semblables, si deux côtés homologues ont, le premier 1 mètre et le second 2 mètres, la surface du second triangle est quatre fois plus grande que celle du premier; si le second côté a 3 mètres, la surface est 9 fois plus grande; s'il a 4 mètres, elle est 16 fois plus grande, etc.; tandis que les périmètres de ces mêmes figures sont entre eux comme deux côtés homologues : si le premier a 1 mètre et le second 2 mètres, le périmètre de la seconde figure est double du périmètre de la première; s'il a 3 mètres il est trois fois plus grand, etc.

Ce que nous venons de dire sur les triangles semblables s'applique également aux polygones semblables, car ces polygones sont composés d'un même nombre de triangles semblables chacun à chacun. De plus, si les polygones sont réguliers, comme ils peuvent être décomposés en un même nombre de triangles isocèles semblables, il s'ensuit que dans ces polygones les rayons et les apothèmes sont des lignes homologues : donc les surfaces des polygones réguliers semblables sont entre elles comme les carrés de leurs rayons ou de leurs apothèmes. Enfin, les cercles étant des polygones réguliers d'une infinité de côtés, on peut dire que les cercles sont entre eux comme les carrés de leurs rayons ou de leurs diamètres.

TABLE DES MATIÈRES.

TROISIÈME PARTIE. — MESURE DES SURFACES ET DES VOLUMES.

QUATRIÈME PARTIE.

Paris. — Imprimerie Arnous de Rivière et Ce, rue Racine, 24.

MÊME LIBRAIRIE :

Dessin linéaire et Arpentage, à l'usage des Écoles primaires par M. L. B. FRANCOEUR, membre de l'Institut ; 5e édition, ouvrage approuvé par l'Université. 1 vol. in-8, avec 3 planches et un atlas in-fol. de 16 planches. . . . . 6 fr.

Traité élémentaire du dessin et du lavis de la carte topographique, donnant les procédés employés pour tracer les divers objets qui composent le plan, et la manière de les colorier ; orné de 58 modèles, dont 18 enluminés, par J. GILLET-DAMITTE. In-fol., oblong. . . . . 3 fr. 50

HISTOIRE DE FRANCE

Suivie d'une table géographique et d'un questionnaire raisonné, par F. RAGON, ancien inspecteur général de l'Instruction publique. Ouvrage adopté par le Conseil de l'Instruction publique pour l'Enseignement primaire supérieur ; 7e édition, revue et augmentée par FRANÇOIS FILON, Directeur de l'École municipale Lavoisier. 1 vol. in-12, cart. 2 fr.

PETITE HISTOIRE DE FRANCE

A l'usage des établissements d'instruction primaire, par LE MÊME. Un volume in-18, cartonné. . . . . . 60 c.

MÉTHODE DE LECTURE

De la Société pour l'Instruction élémentaire, par M. A. PEIGNÉ ; nouvelle édition. 1 vol. in-18 jésus, cartonné. . . . . 30 c.

OUVRAGES DE COMPTABILITÉ

PAR M. HIPPOLYTE VANNIER

PROFESSEUR A L'ÉCOLE SUPÉRIEURE DE COMMERCE, A L'ÉCOLE TURGOT, AU COLLÈGE CHARLEMAGNE.

Premières notions du commerce et de la comptabilité. 1 vol. in-18 jésus, cartonné. . . . . 2 fr.

Cours préparatoire à la tenue des livres. 1 vol. in-18 jésus, cartonné. . . . . 2 fr.

Traité de la tenue des livres. 1 vol. in-18 jésus, cartonné. . . . . 3 fr. 25 c.

Notions complémentaires de comptabilité générale. 1 vol. in-18 jésus. 2 fr. 50 c.

OUVRAGES DE M. L. C. MICHEL

CHEVALIER DE LA LÉGION D'HONNEUR, PROFESSEUR DE LANGUE ET DE LITTÉRATURE FRANÇAISES.

Cours de composition, 1re partie. 1 vol. in-18 jésus, broché. . . . . . 1 fr. 60 c.

Cours de composition, 2e partie. 1 vol. in-18 jésus, broché. . . . . 2 fr.

Cours de style, 1re partie. 1 vol. in-18 jésus, broché. . . . . 1 fr. 85 c.

Cours de style, 2e partie. 1 vol. in-18 jésus, broché. . . . . 1 fr. 35 c.

Le cartonnage se paye 15 cent. en sus.

MATÉRIEL ET FOURNITURES POUR ÉCOLES

Paris. — Imprimerie Arnous de Rivière et Ce, rue Racine, 26.

www.ingramcontent.com/pod-product-compliance
Ingram Content Group UK Ltd.
Pitfield, Milton Keynes, MK11 3LW, UK
UKHW012034240726
13965UKWH00002B/774